寻茶问道

修订版

白子一 著

九州出版社
JIUZHOU PRESS

图书在版编目（CIP）数据

寻茶问道 / 白子一著. -- 修订版. -- 北京 ：九州出版社，2025. 4. -- ISBN 978-7-5225-3674-3

Ⅰ. TS971.21

中国国家版本馆CIP数据核字第2025DE7621号

寻茶问道（修订版）

作　　者	白子一　著
选题策划	于善伟　毛俊宁
责任编辑	毛俊宁
封面设计	吕彦秋
出版发行	九州出版社
地　　址	北京市西城区阜外大街甲35号（100037）
发行电话	（010）68992190/3/5/6
网　　址	www.jiuzhoupress.com
印　　刷	鑫艺佳利（天津）印刷有限公司
开　　本	880毫米×1230毫米　32开
印　　张	8.5
字　　数	170千字
版　　次	2025年5月第1版
印　　次	2025年5月第1次印刷
书　　号	ISBN 978-7-5225-3674-3
定　　价	78.00元

再版序

距离 2017 年《寻茶问道》的首次出版已经过去了七年。这七年间，因为《寻茶问道》结识了全国各地的茶友，也有幸结识了海外的华人、华侨和留学生朋友，对我而言，书中没有"颜如玉"和"黄金屋"，但是有一群素未谋面的灵魂旧友——爱茶的人骨子里总有几分相似。

七年前，写作《寻茶问道》之时，落笔之前十分惶恐：恐自身积淀不足，无法写出茶伴随中华文化五千年的深度；也唯恐着墨不当，有损曾流淌于苏东坡、朱熹、白居易、文征明等历代文人血脉中的茶之清气。当时，市面上的茶书多为满篇专业术语的专业书籍，"写一本通俗易懂、有知有趣的'轻茶书'给年轻一代和初入门的茶人，希望更多人因此走近茶、爱上茶"是我当时行文的初衷。

《寻茶问道》出版之后，我有幸去了二十多个城市签售，这期间结识的很多好朋友，彼此陪伴、互相见证成长一直到现在；也有幸被上海图书馆、天津图书馆、北京及各地的图书馆馆藏；更有幸被后来的一些作者出版作品时也冠上"寻茶问道"之名。这一切得益于背后传统文化的回归和新纪年中文化自信的重启。

　　《寻茶问道》出版之后，中间经历过几次加印，但我一直担忧是否行文太过轻松浅显，无法满足更专业、资深茶友对专业性的需求（这也是后续出版《吃茶知味》《泡茶常识》的缘由之一）。对此，上海的珊珊姐对我说："我们生活和工作到现在，遇到茶和茶书时，只希望它能带给我们轻松和快乐。"研究树种、叶种、制作工艺、小气候、土壤、季节等对茶风味的影响，出品时沉溺于审评外形、香气、滋味、回味、耐泡度等各项因子，这些"职业习惯"让我在面对一杯茶时多了很多不自觉的投射——在茶里，有时候我们走的太远、太久，经历"看茶是茶""看茶不是茶"，却忘记回归"看茶还是茶"——简简单单的享受一杯茶。茶这条路上，愿你我端起茶杯的同时，也要学会轻松的放下——安住在当下和杯中的茶里，轻轻松松地享受这杯茶里所包含的一切美好。

　　在这个世界上，我们都是孤岛，感谢茶，让我拥有了爱茶的你们，让我半夜独行于边疆深山伸手不见五指的茶路上，不害怕；让我面临市场乱象萌生退意时，不动摇；让我只身穿梭于各大产区但能落地生根，不孤独；让我无论身在何处，凝视深夜的时候，总有你们发出的温暖星光……

人生是场单向旅程，我们会遇到许多新的事物和人，也会不断地告别、失去和再见。有时会热热闹闹，而更多的时间是自己一个人，愿我们接下来的路都有茶相伴，抬眼世界万千，低头照见自己。

白子一 在路上

序 言
寻茶问道，一路茶香

世界上本没有路，走的人多了，便成了路。漫漫茶路也是这样，从荒山、从莽野、从湖泊、从绿洲，一路披荆斩棘，蜿蜒崎岖，能有志于茶，敢于踽踽独行，以苦为乐的，终能感受到那种难以言说的一路芬芳。

白子一茶路上的乐此不疲，一定是寻香而至，为茶而忙。我们看到的她那份为茶奔波的辛苦、疲惫，对她可能是诗与远方，是云淡风轻里的甘之如饴。

翻看白子一的《寻茶问道》，就是一幅活泼泼的寻茶地图，从彩云之南、江浙、安徽、福建、两湖、两广，到丝绸之路上的新疆，乃至国外，到处留下她寻茶的身影、喝茶的芳踪、人生的感悟、用心的考证，这一点很让我服气。为什么呢？我在她这个年龄时，仅仅借出公差的机会去过福建的武夷山和四川的蒙顶山，对茶还停留在懵懵懂懂的阶段。长江后浪推前浪，从白子一的身上，我们能看到年轻人习茶的那份不懈努力，后生可畏。

该书里最能触动我的，是莱芜的老干烘，这个茶很少有人写过，也不为多数人熟悉，它不属于六大茶类，但却是极生活化的一种适于普罗大众品饮的特殊茶类。莱芜老干烘属于粗茶，是把粗枝大叶茶的烘焙至焦糖化，粗喝起来类似高火的低端岩茶，所以泡起来简单，喝起来不苦涩，茶汤里无论浓淡，总带着几分甜甜的焦糖香与高火香，虽不鲜美，但却是莱芜地区人们漫长冬季里的醇厚与温暖。粗茶淡饭保平安，茶里蕴含着普通百姓的生活智慧。我年少的时候，喝过老干烘，茶陪我度过"三更灯火五更鸡"的中学时代。记得那时，春去冬来，在学校圈起的高墙里，端着一只有着磕碰痕迹的搪瓷缸子，闷着半缸子浓酽的老干烘，苦涩的喝着，望着天空的北雁南飞，心头是温暖的。茶，苦尽甘来，俨然是那个枯燥时代心灵的一种期望和慰藉。

只缘清香成清趣，全因浓酽有浓情。浓淡清香，各有味趣，这就是让人冷暖自知的茶。茶从东汉以来的"益意思"、久服"悦志"，一直到唐代皎然的"三饮便得道，何须苦心破烦恼"，"茶"与"道"便如影随形。行踏春芜看茗归，寻茶问道，寻茶悟道，茶在心中，道就在脚下，仰之弥高，钻之弥坚，这需要我们不断地去上下求索。

静清和

2017 年 10 月于济南

目　录　CONTENTS

云南

云南是茶树的发源地，从古地理时期的新生代，茶树就开始在这片土地上生长。

中国的茶起源于云南。

勐库大雪山

　　我们常说世界茶起源于中国，中国的茶起源于云南。云南是茶树的发源地，从古地理时期的新生代，茶树就开始在这片土地上生长，那时候喜马拉雅造山运动还没有开始，珠穆朗玛峰还沉睡在海底。所以行走于云南茶区会有一种朝圣的感觉，特别是去探访那些几千年的野生大茶树。

　　野生大茶树是现代茶树的祖先，现在的很多茶树都是从野生大茶树进化而来的。做一个不恰当的比喻：如果把现在种植使用的茶树看成现代人，野生大茶树就是古猿人。如今，在云南境内保留着世界上数量最多的古老野生大茶树，这些茶树很多在原始森林深处安静地看着岁月变化，比如勐库大雪山的那些野生古茶树。

　　若是你看过爱丽丝梦游仙境，勐库大雪山的原始森林就是那样梦幻的存在。去时是秋天，后来每每提起那年的秋天，脑海就全

勐库大雪山青苔

是勐库大雪山。原始森林里一直飘着淡淡的雾霭，仿佛一直在提醒我，这梦一般的美是如何不真实。目之所及，苔藓植物给所有植物的主干穿上一层绿衣。满眼深沉古老的绿，让我穿越进了古老和沧桑里。偶尔从树缝里挤进来的阳光照在树干的苔藓上。这阳光不再是大家印象中云南丽日的明晃晃，而变成了温柔的光斑。在这光斑温柔的瞬间里，苔藓闪现出青翠可人的模样，可是光斑一走，它又沉沉地睡去。

几十米的参天大树遮天蔽日，树与树之间有很多的藤蔓和寄生植物蜿蜒攀缘，这些植物或者从高高的抬头望也望不到的地方一直垂下来，或者架在头顶上方，连接两个远远站立的大树，有些干脆贴在这些树上，紧紧地缠绕，不分你我。这些几个人合抱都抱不过来的参天大树，就这么寂静地站着，不言不语。风吹过，根本听不到树顶树叶的沙沙声，只是偶尔听到几声隐隐鸟鸣。

徒步进山，来回要整整一天，从行车到无路时算起就要十几个小时。穿梭于树木之间，脚下都是湿滑深厚的腐殖质，上山有藤蔓帮忙，下山基本是边滑边摔，即便这样也挡不住我的满心欢喜。

这里是茶树的重要起源中心之一，很多知名产区的树种都是发源于此，比如冰岛村。勐库大雪山是位于双江县与耿马县交界的邦马大雪山的主峰，海拔达 3233 米。海拔 2200 米到 2750 米的山腰处分布着目前为止世界上海拔最高、最大的野生古茶树群落。这片野生古茶树群落由于厄尔尼诺导致实心竹忽然成片开花，全部死亡，在 1997 年才被我们发现。之前这片野生古茶树就躲在原始森林深处，大部分树龄在千年之上。

这些野生古茶树不似江南茶树般密布丛生，也不像其他产区被人类驯化过的茶树一样温顺，它们就这么一直默默地站着：苍翠的树干站成十几米甚至二十几米高，它们就这么深深地扎根，深深地吸收天地精华。它们倔强地躲过重重自然灾害，轻轻地开花，静静地结果，一站千年。那棵 2700 年的野生古茶树，自东周就站在历史中，它目睹老子来了、孔子走了，见过秦皇汉武，听过李白的呼喊，柳永的浅唱，远远地看着中华大地这几千年的风雨变迁。我到它跟前的时候，一路小心地捡拾它洒落的茶花，站在树下抬头仰望，只记得莫名的感动、眼泪涌上眼眶。树牌上的字很多，我只记住了"天地有大美而不言"这一句，至今仍念念不忘。

喝到勐库大雪山野生古茶树制成的普洱茶是一种难得的缘分。这里的野生古茶树具有茶树的一切形态和功能性成分：比如茶多酚、咖啡碱和茶氨酸，可以制茶饮用。但是从 2009 年开始，除了科研以外就不允许任何形式的采摘了。也许应了那句话：念念不忘，必有回响。一次偶然的机会品饮到了勐库大雪山野生古茶树制成的普洱生茶。

干茶外表黑乎乎的（不似栽培型茶树制成的普洱生茶），外形粗放，一点都不漂亮。但是仔细看，这玄黑恰是一种神秘、一种距离、一种隐逸，这看似空和无的深邃如宇宙般包罗万象，不会让人

勐库大雪山野生古树生茶茶汤（陈期六年）

轻易靠近和看透。乍看朴实无华，有心人一看就知道它独一无二、内含乾坤。这种高高的设坎，免去太多的纷扰，而懂的人自会会心一笑。总觉得它的样子似曾相识，就如那些叫得上名、叫不上名的自修之人，自修到一定境界的人都喜欢化繁为简、一身清素。

小心地撬下一泡，深嗅干茶香。那深沉的原始森林气息混着独特的花蜜香扑面而来，这香气不妖艳，不甜腻，不轻飘，不浮于表面，似上好的海南沉香，不抢不躲，不扬不显，却内含力量直抵肺叶，这气息可以使人立即沉静。

茶汤入口，原以为它会张扬肆意，却神奇得柔情似水。汤感稠厚，不霸道侵略，细腻着，润物细无声。这是一位经历几千年风雨的老人啊，与它在一起，你不会觉得有压力，不会觉得自己渺小，它的气场舒服而包容，静水深流，波澜不惊。

如果你认为它平淡无奇，或者以为它会暮气沉沉、老态龙钟，就大错特错了。汤中含着甜蜜，只是这甜蜜把握得恰到好处，不会太黏腻，或者它怕太热烈，会消逝得太快，所以它稳稳地控制着度，可以细水长流着一直美好。这份成熟的美好真的可以从第一泡延续到第二十泡，久久不散。

它对你温柔，可是你也不会忽略它的霸气。每一次茶汤入口，口腔里悠悠地升腾起远远的野香，这野香从第一泡到最后一泡都一直萦绕。这野香告诉你，它可不是温室的花朵，不是个文弱的书生，它是立在天地间迎战过风雨、斗过闪电，在雷声隆隆中仰天长啸的王者。只是在你面前，它是王者归来，在你面前它愿只诉衷肠，但是骨子里的气质，藏也藏不住、遮也遮不掉。

喝完停杯，香气余韵在口腔里长长停留。这独一无二的气韵和它带来的欢喜从口腔里蔓延，深入到喉咙里、开在心间、散向全身。好的茶，就像好的伴侣，与它在一起是可以滋养身心的。夜茶，与友一起分享，从第一泡喝到二十几泡，茶味不减反而变得越发的纯净和沁润身心。喝完夜半，大家守在一起，沉浸其中，啧啧赞叹。

昔归

——

　　很多人都知道生普里我最挚爱的是昔归古树，每次出门必仔细地规划好数量，一根根地从茶饼上把茶翘好，小心地装到茶罐儿里随身携带，只要它在包里，就是一份心安。忙了一天后回到住处，深呼一口气，为自己泡上一泡，夜里便可以欣然入睡。这个习惯一直伴随我多年。

　　喜欢昔归首先是因为它的名字美，每次看到这两个字，我总是脑海里浮出那句"陌上花开，可缓缓归"，这是一份遥遥的期盼、远远的守望，更是一份疼惜和最长情的告白。这样的画面感总让我想起日暮村头等父母荷锄归来的孩童，抑或独上高楼、思念夫君，望向孤帆点点的女子，而这归来带着一份圆满，也是热切的回应。于是特别好奇，是什么样的茶，名字竟然如此诗意。

　　后来了解，昔归是一个村庄的名字。这个临沧的小村庄在澜沧江边，出产的茶品质优异、霸气，有临沧班章之称。喜欢或者关注普洱的人中，无人不知、无人不晓。在当地语言中昔归有"搓麻绳

的村庄"之意，但是到汉语中却变得美丽异常。

　　然而，谈到挚爱昔归，当然不是因为它的名字，真正能直入人心的永远不是肤浅的外在或者颜值，征服我的是它的能量和内质。

　　第一次喝昔归古树，是因为师父，记得第一次喝到昔归时，整个人立马定住，惊艳这个词根本无法形容我跟昔归的第一次见面，更确切的应该是我被震撼到了。很难想象这不起眼的长相里面蕴含着如此大的能量。当时脑袋里立马浮现出《天龙八部》里的扫地僧。初看不起眼，泡开后的茶汤也不起眼，但是一入口，立马感觉到不一样。柔滑又不失厚度的汤感立刻让我端身正坐，茶汤慢慢滑

昔归采茶人

下喉咙后，汹涌的生津立马充满口腔，我才知道有一种生津远远超越舌底鸣泉。当我以为这就是结束的时候，悠而绵长的回甘接续了上来而且是源源不断。这样的感受远远超越认知中的所有茶。

喝下第二杯，后背开始微微发热，而后毛孔逐渐被打开，对卢全的《七碗茶诗》第一次有了切身体会：

一碗喉吻润，二碗破孤闷，三碗搜枯肠，四碗发轻汗，五碗肌骨清，六碗通仙灵，七碗唯觉两腋习习清风生。

从那时起就再也没有放下它，若是可以轻易被取代，也不至于一直念念不忘。昔归古树茶在普洱里是独一无二的存在，跟谁比都不怕，与谁比都不屑，即使是老班章。能给予口腔满足的茶很多，可能跟身体对话的昔归古树茶是独一无二的，它能量巨大表现却澄澈无比，真正做到了看遍世界归来仍是少年。

它来自大雪山山脉却一脚踏在澜沧江边，它骄傲地吸收云南明媚的阳光，但也有半天藏在云雾里。它的树种独特，制成的成品茶偏乌润，它是几百年的古树，深深扎根，满满地积蓄能量。

因为深深的挚爱，每年茶季，昔归是我的必到之地。昔归在临沧的深处，从临沧市去昔归的山路每年雨季都会有塌方或者道路被雨水冲毁，道路本来就不宽，会车时，需得找个宽敞的地儿提前避让。即使就这样，今年春茶时节师父送完我返回昔归，还是被对面的大车撞了。如果遇到雨天，道路不好的地方，车胎打滑随时都有掉下山的风险，这时除了停车躲雨，没有更好的选择。真的应了那句"酒香不怕巷子深"，有好茶在，路再难还是有无数人慕"茗"前往，什么山高路远、艰难困苦，一切都不在话下。

昔归属于临沧的邦东乡，去昔归需要经过邦东的很多村寨，邦东这些年以"岩茶"出名：由于特殊的地质地貌和土壤条件，邦东乡很多村寨的茶树在石堆里傲然挺立，或者干脆从石缝里往外生长。这里的很多茶园都经过了最严苛的有机生态茶园认证——国际雨林认证，论生态和有机，云南茶区绝对是所有茶区里的第一名，这也是我最爱云南茶区的主要原因。邦东乡很多地方出产的生普都带有缥缈的山巅之气，与大部分产区质厚浓醇的风格相左，老茶客会觉得味不足、不过瘾，但不失为新茶客入门之选。每年茶季只要早晨十点前一路盘山，定能看到云海蒸腾的模样。

昔归鲜叶

昔归在澜沧江边，在昔归老寨，吃过饭可以到澜沧江边散步、捡石头。车行到昔归之前要一路下山，进出昔归的路只有一条，正式进村之前会经过一个检查站，当地人叫茶叶堵卡口。为了保证茶青的纯正，每年茶季这个检查口都有人值守，防止外来茶青的混入。在昔归很多人都有两个家：一个在江边的老寨，一个在高处的新寨。之前村民都住在靠近澜沧江的老寨，因为澜沧江上要规划修建水电站，专家测定老寨属于滑坡区，于是政府统一规划了现在在半山腰的新寨。

昔归古树的核心产区忙麓山在老寨附近，所以每年茶季，很多村民都会到下面的老寨做茶，而日常居住都在上面的新寨。澜沧江边有家简陋的烧烤店，茶季营业到很晚，半夜经常会看到三五人在江边，就着江风，打牌、吹牛、喝啤酒，那旁边简陋的台球案也可以供人消遣时光。半夜从老寨开车回新寨，云雾升腾掩住了一切，只能听到澜沧江水永不停息的流动，不见来时路，也看不到归处。师父开车，我捏着把汗，一直小心地提醒，后座昔归村的人看着我满脸的紧张忍不住哈哈大笑，"你放心，这条路上哪里有个沟哪里有个坎，走几步该拐弯，你师父闭着眼都能开回去。"

在昔归的日子，千万不要睡懒觉，否则就会错过壮美的云海，云雾如千军万马涌来、聚集，在山间蒸腾、翻滚，站在高处看巍巍山川间的磅礴气势，会忽然明白为什么昔归古树里充满浩然之气。

昔归茶声名远播，早在清末的《缅宁县志》中就有记载，而近些年的大热是从 2006 年开始的。忙麓山上成片的古茶林混生森林之中，这里的茶树几乎都没有经过矮化管理，自然潇洒地恣意生长。江风吹过来，茂密蓬松的枝条在风中随意舞动，对着这巍巍青山、流淌千年的澜沧江。正是这样，昔归古树茶里才独有一种浑然天成、桀骜不驯的气质。

澜沧江边，江水滔滔。静坐，师父亲自泡陈放了六年的昔归古树茶，它变得更加成熟稳重如男人到了四十：时光里它变得越来越温厚，更包容、胸怀更大。它越发的馥郁迷人，青涩气已褪去，那果香、蜜香缠绕着阳光的气息总让我想起阳光下的柑橘园，温暖而有力量。茶汤厚滑，汤中尾韵的果香和兰香悠远得从远处徐徐而来，汹涌的生津和回甘中伴着满口的幽香。

布朗山茶事

　　从勐海开车进山必须要经过勐混镇，住在勐混的人自称是住在"坝子"里——这是个群山环绕中难得的平地，这个面积不小的平地是个十足的富庶之地，秋茶季时满坝子金黄，连绵的稻田望不到头，水稻割了又长。大片的土地长着一年四季都不会间断的瓜果蔬菜。在基本靠自给自足的过去，坝子里的傣族要比山上的布朗族、爱伲族过得富足很多，而现在坝子里的人都羡慕山上的民族，因为山上的民族有茶树。布朗山是全国唯一的布朗族民族乡，布朗族是最早在这一地区定居的民族，他们以及后来来到这里的拉祜族和哈尼族一起世世代代种茶、制茶，创造了布朗山地区的万亩古茶园。

　　爱云南的遍地长着得花花草草、爱那些在蛮荒之地野蛮生长的大树，要说更爱的，是云南的云。西藏的云大气端庄但是却有些距离感，在云南，云变得更活泼、更俏皮，刚才还挂在天上，一会儿就沿着山流泻下来，在山间小路上闪来躲去。清晨沿着弹石路颠簸着上山，不一会儿就钻进了云里。同车布朗族的小伙子一路跟我们说说笑笑，这里的人民似云南的晴空，总是那么灿烂、充满阳光。说起各个产区的茶，小伙子问我"子一，你怎么看我们布朗山的茶？"

喝到的第一泡布朗山的茶是在老曼峨，那年跟师父去布朗山收茶，走的是从老曼峨上老班章的路。车子一路摇摇晃晃地爬坡，走过弹石路、躲过塌方区、穿过低洼水坑，看到分叉路口立的石头上指着左边是老曼峨的时候，目的地终于到了。停车驻足，一小片房子隐在山林之中，屋顶是蓝色的，阳光下十分好看。开车进村，茶季的傍晚很多布朗族的女人背着茶筐回家，沿老曼峨的主干道往上走，几个穿着绛红色佛衣的出家人走在前面，这是在其他的村寨见不到的。老曼峨是布朗山地区最早的布朗族村寨，建寨历史已经接近 1400 年，这里是布朗山布朗族的核心。布朗族人信奉小乘佛教，据说最早的缅寺，就诞生在这里，并且在周围地区影响极大，就连坝子的傣族建立寺庙，都要到老曼峨山上取一棵树做柱子，不然寺庙就会垮掉。至今仍有一座历史悠久的大缅寺立在老曼峨寨子的顶端，通往缅寺道路两旁的墙壁上写着工整的佛经。笃信小乘佛教的布朗族人过去都会把男孩子送到寺里当和尚，在寺院里孩子们除了能学到佛法还能学习傣文和知识。那时候男子不进寺院是不好

老曼峨采茶人

老曼峨寺院

找媳妇的，小乘佛教里，和尚是允许结婚的，所以云南十八怪里就有一怪说和尚可以谈恋爱。

拐到布朗族兄弟家中喝茶，师父问是甜茶还是苦茶，主人抓起一把放到盖碗上说，你喝喝看嘛。老曼峨是以苦茶出名的，强烈的苦和苦后延绵不绝的回甘是老曼峨独一无二的标志。等师父润茶出汤，一杯下肚，着实的体会到了什么叫老曼峨的苦：强烈的苦瞬时霸占整个口腔，而且久久停留。"喝那一口的感觉特别像小时候爸爸用筷子蘸着让我尝的白酒，所以布朗山茶给我的第一印象就像一杯烈酒。"

第二次接触布朗山的茶是朋友私藏的 2003 年的茶，拿到茶饼

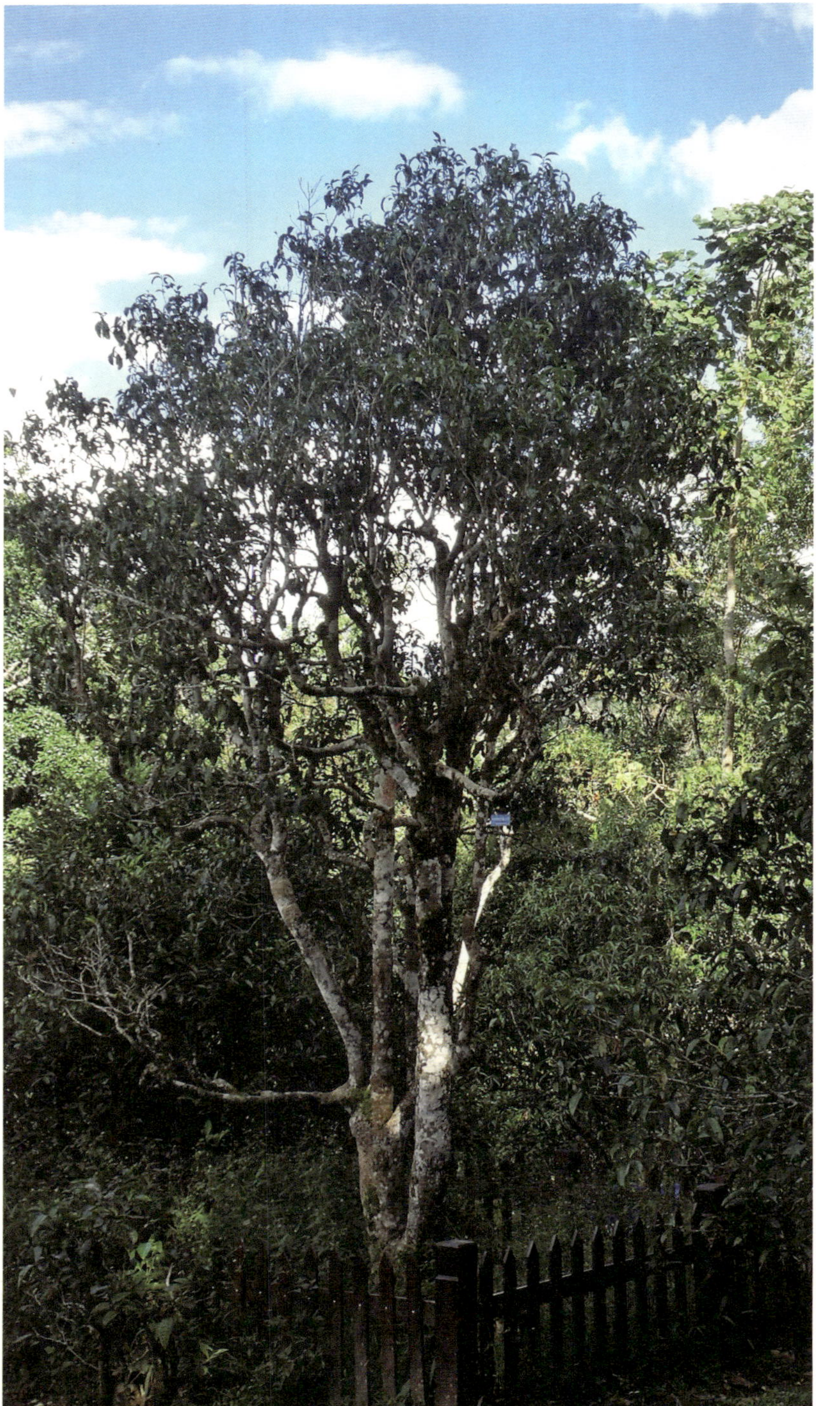

老班章茶王树

时惊艳于隔着棉纸都能闻到的类似枣花蜜的蜜甜香，香气浓醇，让人安稳和心生愉悦。端杯品茗，茶汤厚实有力量，一入口满满的满足感，浓厚的香气和滋味伴着茶汤瞬间充斥口腔，不给人任何的准备时间、也由不得你愿不愿意，不禁惊叹："好霸道的茶。"这些过后口腔里伴着绵绵的生津升腾起浓郁的兰香，也有人说这香气像茉莉。"所以布朗山的生普给我的第二点印象是厚重和霸道，像个大男子"。

一转头，车窗外几只黑色的小香猪在路边悠闲地溜达，这是路过贺开山了，贺开的几个寨子均是拉祜族村寨，这里的标志除了路边成片的古茶树以外就是这些黑色的小香猪。小香猪们或者拱在一起睡觉或者摇着尾巴晒太阳，脸上总挂着傻呵呵的神情。贺开行政上属于勐混镇，更多的人把它划入大布朗山系。有别于其他布朗山系茶的霸道汉子气质，贺开地区的茶香甜润滑更像一女子。

一路盘山而上，过班盆后，弹石路变为土路，若是雨季来，这段十几公里的路坑坑洼洼更泥泞难行，车轮打滑随时都有掉下山去的风险，我们这一行的目的地——赫赫有名的老班章就在山的最顶端。老班章是布朗山茶区的标杆和带头大哥，如今老班章的名字可谓如雷贯耳，被世人誉为普洱里的"王"，这位王，并不是含着金钥匙出生的王子，曾几何时他与布朗山也是默默无闻、名不见经传。它不像倚邦、易武一样有贡茶的名号，翻看普洱茶的历史，2000 年之前基本籍籍无名，甚至跟众多其他山头茶混在一起在勐

老班章古树采摘

海茶厂作为发酵熟茶的原料，即使这样它与布朗山的其他茶也仅仅当作一味配料。自 2002 年福今"白菜"系列起，班章产区渐渐崭露头角，人们开始认可布朗山；2007 年老班章以 1000 元 / 公斤的价格成为了当年的茶王，使"老班章"的名号无人不知、无人不晓；2009 年开始，老班章的价格更是一路飙升，到 2017 年，老班章春茶时茶王树拍出了 32 万元的天价。有人说老班章的王位是由广东人缔造的，但是能坐稳江山的一定不是扶不起的阿斗。它是与众不同的老班章，骨子里写着霸气、阳刚和不羁，厚重的汤感像一个男人经过暴风雨后宽厚温暖的胸膛，略显张扬的样子是寒风下载指江山的霸王，那茶汤里匆匆掠过的一丝苦涩，是眼神中回顾过往时不经意流露出的，而这苦涩立马化开，转为热烈的生津和回甘，这苦尽甘来那么绵长、那么迅猛，似在说着厚积薄发的故事，这是老班章的故事，更是布朗山地区茶事的缩影。这茶事里还有布朗山家族的其他成员：新班章、曼糯、曼囡、曼八、吉良……

景迈古茶园

从勐海到景迈，沿山道一路晃晃悠悠地在大山间穿行。我把车窗打开，目之所及满眼苍翠，贪婪地呼吸大山的气息，这山川之气浩然、雄浑，荡涤于胸间，仿佛心胸都随之开阔。

过了惠民镇就能看到大片大片的茶园躲在树林后面，这些都是集中种植管理的现代化茶园，远远望去跟江南的龙井、碧螺春的茶园很像。在云南这种茶树叫作台地茶树，制成的普洱茶叫台地茶，即便是生态环境放到其他地区是最好的，但是在云南普洱茶里仍然卖不上价。云南茶区本身整体生态就好，茶的生态要求在这里反而变得更加严苛，受欢迎的都是那些生在原始森林深处、尽量少或者无人为干预、自然成长的古树茶。

过景迈大桥后就是景迈山的地界，山脚下高大的木制山门上写着"景迈山"三个字。师父抽口烟幽幽地说："景迈山终于到咯，坐稳了，准备开始爬坡。"接下来的路都需要紧抓扶手，坑坑洼洼的路配上各种急转弯，时间都变得异常缓慢，当目光的尽头看到两棵大青树，一种被解救之感油然而生。就像城市里有灯的地方就一定有人家，在云南，有大青树的地方一定会有村寨，景迈大寨终于到了。停车步行进村，茶季村子里一派繁忙。到相熟的人家转转，这家的主人把喝茶的茶亭建在一片竹林跟前，在靠竹林一面，主人把半个椰壳吊成一排，里面种的石斛花开得正好，从山上随手采的野花儿点亮了整个茶台。行走于云南茶区，山里人把日子过得诗意、充满情趣，反而是城市里的人把日子过得凑合了。

时值下午，鲜叶陆续从山上背回来，少数民族的女人们绝对是茶山上亮丽的风景：白天她们穿着本民族的日常服饰穿梭于古茶林里采茶，傍晚又站在了杀青锅前杀青，一转身她们又在厨房里忙活着做饭。她们话不多，总是在默默干着手里的活，若是非要搭讪几句，她们会笑笑或者比画着告诉你她不懂普通话。

从景迈大寨出来夜宿芒景村。景迈古茶园位于景迈村和芒景村，平均海拔 1400 米，茶园分布包括景迈、芒景、芒洪、翁居、翁洼等地，总面积接近两万亩，是当地布朗族、傣族的先民驯化栽培的。根据布朗族有关傣文史料和芒景布朗族佛寺木塔石碑记载，古茶园的驯化与栽培最早可追溯至傣历 57 年（696 年），迄今已有 1300 余年的历史，所以这里才叫"景迈千年万亩古茶园"。

景迈山地区以傣族和布朗族为主，在傣语中景迈翻译成汉语，

景迈古茶园采茶

景迈山祭茶祖

是"新城"的意思，传说傣族部落王子召糯腊（傣名）为了部落族
人的生存，一路带领部落中的人寻找新的家园，于公元前 106 年，
开始南下迁徙。一路跋山涉水，在临沧地区看到澜沧江流域美丽
的自然风光后，有一部分人便在那里定居下来，其余的人沿着澜沧
江继续南下，不久在现在澜沧江县境内安顿下来。后来召糯腊在
一次狩猎时遇到了一只金马鹿，便毫不犹豫地带领猎手们一起追了
上去，人快马鹿快，人慢马鹿慢，他们追了几天追到今天的景迈山
时马鹿消失不见了。召糯腊定睛一看这里风和日丽，山川锦绣，是
块风水宝地，便决定回去带着妻子和部落的人一起到这里定居。所
以，景迈山的傣族村民说，他们的祖先迁徙到景迈山，是由一只金

景迈山古寨

马鹿带路才到这里来的。

　　布朗族定居于景迈山地区则是因为祖先帕哎冷。景迈山的"千年万亩古茶园"也跟帕哎冷有关。在芒景村古茶山的山脚下有个茶祖庙，茶祖庙中供奉的是茶祖帕哎冷，相传在一千多年以前，景迈山上并没有茶树，帕哎冷当时叫哎冷，他带领布朗族人定居于景迈山地区，由于自身力量尚小，遂与傣族联姻。傣王把他的第七个女儿南发来嫁给他，并封其为帕，所以后人称之为帕哎冷。南发来到芒景山以后，教当地人纺线织布、耕田种地、学习傣文，并跟帕哎冷一起在景迈山上种下万亩古茶树。

　　布朗族的《祖先歌》中如是唱道："帕哎冷，是我们的祖先，帕哎冷是我们的英雄，是他给我们留下竹棚和茶树，是他给我们留下生存的拐杖……"布朗族的《帕哎冷颂歌》中唱道："是森林密布的群山，让我们生活在人间仙境；是祖先帕哎冷，给我们留下了竹棚和茶树；有了竹棚就有了村寨，有了村寨就有了不断的炊烟；按照祖先帕哎冷的指引，把水田从河畔开到箐边，把茶树从山头栽到家旁；吃不完的粮食，养猪养鸡又酿美酒，喝不完的茶叶让天下人都来品尝；金银财宝总有用完的时候，只有茶树年年发芽，吃不尽用不完。我们牢记祖先的教导，让美好生活像茶树一样，片片相连、代代相传……"

第二天清早，从芒景村上山巡查古茶园。一路爬山，古茶树混生在原始森林里虬曲着一片一片的，采茶人站在树上小心地采茶。茶树上寄生着很多螃蟹脚，天热的时候用来炖汤清热特别好，伙伴们一边走一边在树上比赛找寻。树下野生的石斛伴着茶树生长，"闻说外面很贵，俺们这多着呢，品种还有很多。"云南的大山慷慨，这里的人民也都特别爱惜和敬畏更没有忘本。隔不远的地方在一棵大的古茶树下就会看到特殊的祭祀符号：布朗族人的传统就是要在自家茶园中选一棵最大的古茶树做茶王。每家的茶王树前都有这样几件祭祀用的物品：一个类似锥形的木桩，代表着茶树积极向上生长；旁边立着一根竹竿，做成喇叭口朝上的形状，是用来摆放供品的。每到春茶发芽之季，布朗族全家都要到这里供奉茶树。采茶季，布朗族人在山上吃饭前也要先给茶王树上供，然后自己才能

景迈山云海

景迈山赕佛祈福活动

景迈山的茶魂树，周围的木桩为祭祀用

开始吃饭。布朗族人清楚地知道如果没有这些古茶树，就不会有今天的好生活。

快到山顶的时候发现有个标识牌上写着"公主坟"三个字，走近一看，原来是帕哎冷的夫人——那位南发来公主。后来帕哎冷被篡位之人谋害，公主气绝身亡，村民就把它葬在哎冷在芒景山亲手种植的茶园里。如今哎冷种植的古茶树漫山遍野地围拱着公主坟，这也许是帕哎冷对公主的守护吧。

山的最顶端是一个大型的祭祀台叫"茶魂台"，每年四月的山龛节布朗族人都要到这里祭祀茶祖。届时茶魂台上都会摆上满满的供品，头人会带领大家诵经，族人手抹蜂蜡双手合十，对赋予他们生命和希望的古茶山顶礼膜拜。

我爱云南的茶区，景迈山是一个缩影，这里的茶树不只是用来赚钱的经济作物，这里的茶树被尊重、被爱戴、被保护，这里的茶树是有灵魂的，灵魂里流淌着这里的人民这对大自然的敬畏和对生命的尊重。

制茶季鲜叶摊晾

易武刮风寨

——

很多人说刮风寨这个名字特殊，一听特别像是土匪或老妖出没的地方。其实刮风寨没有土匪，更没有老妖，只是个瑶族村寨。寨子边有一条河，茶季的时候寨子的娃娃们都会在河里戏水打闹，这成群结队玩耍的景象在如今的城市里已不多见。

从地理位置上讲，刮风寨在易武产区的深处，处于中国和老挝的边境，交通十分不便。就在前几年，土路还没开辟出来的时候，孩子们需要背着干粮翻山越岭，徒步到镇子里上学。这里的孩子十多岁才开始上学，因为孩子如果太小走山道不安全。而那条开在半山腰和悬崖边的土路也只有爱寻野的人才喜欢，一路坑坑洼洼，很多路段跟丙中洛到察隅的路有些相像。遇到下雨，土路上车子打滑，随时都有掉到山下的风险，去年我们从刮风寨出来不久，就听说有人雨中去刮风寨掉下悬崖了。

　　寨子里这些年才有了鞋的概念，之前人们都是光着脚踏在土地上，即使是进山采茶也是如此。至今在寨子里年纪大的老人们仍然保留着赤脚的习惯，很多小孩儿也是赤着脚背着弟弟妹妹在寨子里玩耍。人字拖是这里使用率最高的鞋，上山是它，下山还是它，不论坡有多陡，是不是有路。也只有在这里才能真正体会"地上本没有路，走的人多了，也便成了路"这句话。至今犹记得我们徒步去原始森林里采茶，翻坡的时候，常年玩户外的我基本上是顺着山坡，抓着旁边一切可抓的东西边摔边滑下去的，可是刮风寨里的小哥穿着人字拖简直是如履平地。我说，小哥，你也太牛了，小哥不无骄傲地说，子一，你不知道，这算啥，想当年我跟师父学打猎，在深山里可以跟着动物待三四天不出去。

　　晃晃悠悠地开车进村，寥寥的二三十户人家趴在山谷中。村子的一半还保留着之前的模样，偶尔看到新盖的房子也毫无章法地立在村中。路边村民的衣着打扮也完全让人想不到这是个普洱茶声名远播的地方。跟冰岛和老班章比起来，这里落后、原始了太多。

　　正是这样的原始成就了今天的刮风寨。普洱茶从目前来讲基本处于各大茶类中的领军地位，在众多茶类中是最细分、最深挖的一个，很多理念也一直走在其他茶类的前面。它最先有了台地茶、古树茶的概念，引领大家把关注点聚焦到茶树本身上，逐渐关注茶树本身生长环境和无人为管理的自然天成。在这样的大背景下，近几年一些小微茶区开始异军突起，也使刮风寨成为易武第一梯队的知

采茶的瑶族孃孃

名产区。刮风寨目前最有名的小产区是茶王树、茶坪、白沙河和冷水河。这些古茶园无一例外都混生在原始森林深处，常年处于无人管理、自然生长的状态。当然，即使从刮风寨村里去这些地方都是极不容易的，最便捷的交通方式是骑摩托车，最好走的道是仅能容下摩托车通行的山间小道，更多时候需要在密林间徒步穿行。

易武的名字在傣语中是"美女蛇"的意思，这个产区的茶如其名，向来以香扬水柔著称，而刮风寨的茶绝对属于易武产区中的异类。若麻黑是柔情似水的女子，刮风寨应该是花木兰或者穆桂英。它气息浑然天成中带着原始森林的韵味，与它相比，普通易武产区的茶都显得有些脂粉气。它柔软，但是绝不矫揉造作；它女人，但绝对不是毫无主见、任人摆布之辈；它纯净，但不是不经世事的傻白甜，而是带着看透后的返璞归真；它温柔，但绝对不是气若游丝，而是从中透着满满的张力，让人毫无招架地臣服于它的面前，它是个有内涵的大女人，耐得住久久回味。第一次喝到就被它深深地吸引，从那以后每年茶季必去刮风寨。

夜半做完茶，围坐一起，就着星光品一杯陈放了几年的刮风寨古树茶，不再张扬、平添了几分成熟稳重，茶汤厚滑如嚼之有物，蜜香充盈，像极了这里原始森林里的野生蜂蜜。茶汤滑落喉咙，喉部甜润微带凉意，留在口腔里的花蜜香和兰香久久不散，若还是以女人做比喻，这应该是离宫后跟十七爷在一起时的甄嬛，已经不太年轻，没有了初时的青涩和任性，历经磨难以后变得成熟和包容，

刮风寨的著名小微产区都在自然保护区里

西双版纳易武州级自然保护区

毗邻刮风寨的老挝也有很多茶，图为老挝拣黄片的嬢嬢

举手投足间反而多了更多的韵味，这浓浓的甜蜜，更深远、更醇厚，也更能打动人心。

　　过了后山山顶的界碑就是老挝的地界，目之所及，树林之间也有很多茶树，但是仅是翻了一座山，茶叶的香气滋味就差了好多。茶是个敏感的记录仪，可以如实地反应水土和小气候状况，只要你可以静下心来用心去品，总可以品出其中差异。

曼松和猫耳朵

——

　　每天回家第一件事儿必是先到自己的茶室，在茶桌前静坐，闭上眼睛闻满室的幽香，这时紧张的神经一下就放松下来。抬眼望着满屋子的茶，那一刻觉得自己是世界上最富有的人。茶儿们安住在紫砂罐儿里，一排排整齐地在架子上，罐上贴着哪一年的什么茶怎么来的。朋友看过后打趣我说，你这存的不是茶，是记忆。这种有岁月可回头的确幸，是他物不可及的。偶尔跟自己玩个游戏，盲点一下第几架、第几排、第几罐的茶，拿出来喝喝，也是别有意思。今天盲点了一罐，翻看茶签儿：曼松古树猫耳朵，2014 年师父送的，顿时打翻记忆一坛。

　　师父是个"老江湖"，常年在茶山里跑，什么路上哪里有个坑哪里有个洼都熟悉。他是带我走上普洱茶这条"不归路"的人。

倚邦老街上的旧石槽

后来我也跟在他屁股后面开始跑茶山，当然这是后话，刚开始一定是学艺阶段。师父隔三岔五地会从云南顺丰快递茶给我，收到快递信息时就眼巴巴地跟踪快递信息，这眼巴巴里满是期待和忐忑，因为这云中锦书中有可能是挖好坑的考题，掉进坑中多次以后也学会严谨和小心翼翼，对茶更是越来越敬畏。收到快递后，我迫不及待地打开，这次的茶跟以往特别不一样，条索色泽油润，看上去像生普，粗闻干茶香也是生普特有的香气，可是它却小得出奇，干茶只有指甲盖那么大。打电话给师父，天马行空地一顿瞎猜，师父幽幽地回了一句："你喝喝再说。"

赶紧取水备器，候水时看着干茶仔细思量：采摘标准是两叶而不是单芽，为什么会这么小呢？难道是其他地方的小叶种用普洱生茶的工艺做的？温杯洁具之后，拨茶入瓯，静置几秒后，轻取盖碗试闻茶香，蜜香、果香，还有阳光的味道迎面扑来。这香气不柔弱、不轻浮，却也不似普通古树茶那么沉稳，而是浓郁热烈，带着满身的阳光正能量和义薄云天式的豪气，似初亲政时的康熙爷，斗志昂扬、能量满满、英雄少年。

"这个真的是特别。"我不禁赞叹，茶汤入口，竟然是古树茶才有的饱满，滋味不是小清新和傻白甜，能量充足同时内涵满满；气质不似其他古树茶一样略显深沉，而是朝气蓬勃和向上蒸腾的。若是一位老夫喝完，定会跟了这茶一起发发少年狂。饮罢几杯，它不似其他普洱茶喝完后峰回路转生出霸气的生津和回甘，也不似有

倚邦猫耳朵鲜叶

些普洱茶一样留下兰香顺着津液缠绵，它留在口中久久不散的是蓬勃向上的力量，这股力量能使人胸中顿生豪气，忘掉一切畏惧。

给师父打电话汇报品饮所得，师父说这是倚邦古树的猫耳朵。倚邦在象明境内，是古六大茶山之一（古六茶大山：蛮砖、倚邦、曼撒、莽枝，攸乐、革登）。倚邦曾经最辉煌：单从茶上讲，清代雪渔《鸿泥杂志》中记载，六大茶山中惟倚邦、蛮砖者味较胜。论地位，从明隆庆四年（1570 年）到清光绪末年，倚邦一直是古六大茶山的政治中心和行政主管地。倚邦最命运多舛：1942 年和1949 年的两场大火和随后的一场瘟疫，让它元气大伤，从此版纳的茶叶重心转到了易武。倚邦最特别：倚邦产区的茶，不同于云南其他地区的茶，是个罕见的小叶种。

关于倚邦小叶种的来源有两个说法：一是武侯遗种，二是自然变异。在武侯遗种说中，有一种说法是诸葛亮南征途中与士兵走散，诸葛亮散下茶籽为记号，后来茶籽变成了茶树；另一种说法是诸葛亮跟当时追随的濮人走散，为了安顿濮人撒下茶籽让他们安居。武侯遗种说中的核心点是倚邦茶区的小叶树种来自四川。很多专家例如云南的张芳赐教授则认为倚邦的小叶种是云南的大叶种偶然自然变异来的，至今学界并无最终定论。

倚邦小叶种普遍做成干茶，有成年人手指肚一样大，俗称"驴耳朵"，猫耳朵是里面最小的品种，成品茶只有指甲盖大小，而且叶比芽小，大概是在树上和泡在杯子的样子，取名的人觉得比较像猫耳朵吧。倚邦茶山的著名产区有倚邦老街、曼拱、嶍崆、架布、麻栗树、龙过河、大黑树林、大黑山和曼松等，其中曼松是整个茶区中最耀眼的明星，在清代就被列为皇家贡茶园，并有"吃曼松，看倚邦"的说法。

从易武到倚邦需要路过象明，在象明简单地吃一碗米线后又开始在山路上盘旋，车停驻步，师父说"子一，你看倚邦"。我举目四周，没有发现任何村寨，师父说"那边，就在对面的山巅上"。倚邦的位置有些出乎所料，曾经的行政和政治中心竟然孤寂寂地站在山巅上，倒是有些一览众山小的意思。一路盘山而上，山道坑洼，路况较班章、冰岛差很远，一点也寻不出当年盛名的踪影，路上也看不到来往的车辆，落败了的凄凉感油然而生。

车停在一个篮球场，闻说这是旧土司所在地。转头回望倚邦老街，老街上有人家施工，地刨了，房子推倒了建新式砖房。搅拌机运转的声音隆隆着跟静谧的老街鲜明对比，街上人很少，偶见一两妇人在房间里挑拣黄片，也是默然坐着、没有话语。老房子中有两位老人，抬眼望了望我们，又转过身去忙他们自己的事。老街的青石板路被岁月打磨得光滑，"龙脊式"的街道诉说着往日的繁华，旧时的饮马槽在老宅子门口站着，孤零零的有些"不合时宜"。有些人家门口自铺的道路，还可以发现旧时的碑刻和精制的建筑构建。这些记号大概过几年也看不到了吧，站在老街尽头看着转动的搅拌机，不由地感叹。

老街尽头有两棵大青树，在云南村寨建立伊始，一定会在村头栽上大青树，有大青树的地方一定会兴旺，这是一种美好的祈愿。倚邦自唐开始建立，这两棵大青树在这里矗立了至少也得几百年，树干虬曲一身沧桑，树根露出地面的部分像老人手臂上凸起的血管。悠悠的岁月中它经历了倚邦昔日的繁华，经历了倚邦的车水马龙，经历了倚邦的岁月变迁，还好，清末的大火和灾害它都躲过。

从倚邦去曼松，旧时延绵的茶马道，也所剩无几，走着走着不免唏嘘不已。曼松的皇家贡茶园有三号，王子山范围的是一号贡茶园，滑石板至苓叶林范围的是二号贡茶园，三号贡茶园是曼松偏向勐倮大坝方向，离黄竹林垭口不远的大范围古茶园。到曼松，忍不住会各种感慨，曼松贡茶园也写满了曾经的辉煌和沧桑。曼松曾经作为皇家贡茶声名显赫为古六大山之首，也正是因为这盛名，清末时已存在过度开发的状况，后来跟随倚邦一起衰落下去。

在曼松已经看不到成片的高大的古茶林，新中国成立之前为了种粮食，曼松的古茶树曾被大面积砍伐和烧毁，现在有的古茶树是在那些灾难中顽强活下来又重发的新枝，而王子山这样的古茶树也只有 200 来棵而已。看着这些茶树心隐隐的痛，宁可你不独一无二，宁可你藏在深山人未知，至少不会像现在这样多灾多难。本是救世仙草，却卷入这世俗中受尽磨难。

2014 年生日时，师父送我这罐曼松古树的普洱生茶，随茶一起的还有师父的手信："愿你如它们可以无所畏惧地野蛮生长。"

曼松的赤红土壤

冰岛

——

初遇冰岛古树生茶，没有别的感觉，只觉舌头两侧细细凉凉，如有泉涌。这种纯粹是只属于冰岛的味道，没有杂念，也没有类似红茶的温暖。它像极了一个似玉一般的女子，触摸她的手，感觉到冰凉凉的。觉得它是《神雕侠侣》中身在古墓的小龙女：一身素衣，高冷而不近人间烟火，一切世间俗事都与它无关。

与友约茶，品饮 2016 年冰岛古树生茶。对坐论茶，说起《三生三世十里桃花》，她问，白老师，你觉得冰岛像不像白浅。对，冰岛的新茶是白浅，不是素素，也不是司音，是那个一身玉洁，那个四海八荒都得尊称她一句"姑姑"的上神。正像冰岛的古树茶一样，虽是冰清女儿身，但从 2012 年开始，价格就超过了老班章，坐稳了山头茶的头把交椅。

白浅也是冷的，即便是和夜华温存之时，她的笑容里也有一些溶不开的凉意。这凉意或许来自她尊贵的出身，或许是她见惯了

冰岛老寨古树基地春茶采摘

几千年几万年的沧海桑田，也许只是她不愿离这俗世太近，宁愿和一切都保持距离。

冰岛亦如是。从临沧市区到冰岛村可以走北线经过南美，也可以走南线经过勐库镇。无论走哪条线，一路的坑洼和泥泞让它跟世俗保持着距离。行到冰岛村所在的山脚下，还要经受山路十八弯的考验。那些茶树骄傲地站在山巅，一站几百年。它的古老，它的高龄，你站在它面前的可望而不可即，分明也是白浅。

很多人一听是古老的茶树，会误认为它垂垂老矣。但它内质不仅丝毫不输与幼龄茶树，反而因为融进了时间的味道而越发强劲。

第一次入口，你就会非常明显地感知到它独有的味道，它快速地霸占了你口腔所有的味蕾。

就像白浅，就算她默然独立于众神之中，你也能瞬间感知到她不同于他人的强烈气场。她的资历、她的强悍、她的冷，关于她的一切，会令你一见难忘。

时间是个神奇的东西，可以成就很多，也可以改变很多。对于茶来说，也是一样的。2006年的冰岛古树生茶，经过了十年的磨砺，完全变了模样。虽然仍是站得远远的，但是没有了当初那么的高冷和一眼望去的冰凉，它开始变得温暖，茶汤里有一股明媚，仿佛脸上一直挂着微笑；它变得温润，仿佛已经没有什么事儿可以让它生气和不开心。茶汤入口后升腾起香气也是明媚而温暖的，像凤凰单丛的某种香气，但是又不全是。此时的它更像是历经磨难最终

冰岛老寨老初制所里的鲜叶

冰岛老寨基地的古树采摘

冰岛老寨基地的古树采摘

冰岛老寨古茶树，写满岁月故事的枝干

跟杨过在一起时的小龙女。

它为什么会有如此变化？这跟普洱生茶的制作有关，普洱生茶的制作需要经过采摘、杀青、揉捻、晒青干燥、筛检黄片等制作步骤，制作冰岛古树的普洱生茶亦是如此。

很多的绿茶和红茶制作要求甜润度，所以讲究原料的幼嫩，相比之下普洱茶更注重内涵和内质，因此普洱茶的茶青要求相对的成熟。云南的茶树很多都是乔木型的，很多古茶树高达十几米，这类茶青的采摘相比其他茶区难度高很多，需要爬到树上，或者搭着高高的架子上树采摘，这也造就了云南十八怪里"老太太上树快"。

采摘回的茶青原料经过稍稍的摊晾后就可以进行杀青。走访茶区，很多其他茶类都已经开始机械杀青或者开始用电锅杀青，但是在云南走的众多山头里，百分之九十五以上的还是保留着最传统的手工杀青方式。锅温靠燃烧木材来提供，杀青时需站在倾斜的热锅边，不停地翻、抖、晾，一锅茶下来二十多分钟，绝对会让人汗流浃背。杀青的成功需要烧火师傅和杀青师傅的默契配合。当然在云南茶区，这样的配合往往是家人之间，比如夫妻、兄弟、父子。

普洱茶的杀青与其他茶类不同的是要保留部分的活性酶。正因如此，成品茶到手以后，活性酶在岁月里会一直带动茶叶的内含物缓慢氧化，造就了生普"历久弥新"、"士别三日当刮目相看"的个性：今年的它尚且青涩，明年、后年，在你未曾察觉之时，它不断进行自我转化，叛逆与青涩褪去，在岁月里变了模样。

另外一个重要的环节就是揉捻之后的晒青干燥。普洱生茶的干燥必须在太阳下晒干。太阳光的热量不会损伤活性酶，反而赋予了普洱生茶太阳的味道和力量。太阳的强大、太阳的暖、太阳的明媚，变成生普的内力，也逐渐在时间里往外释放。

2017 年春茶季，从勐库镇车行至冰岛村的广场，春茶尚早，但是广场中已停满皮卡和各种越野车。沿着广场边的小道看望那些古茶树，距离去年秋天不到半年，古茶树上挂的牌子全部换了一波，盛名之下的经济驱动，使众多的茶商想着办法跟冰岛产生联系，"古树挂牌"已是一种普遍的营销手法。如今的冰岛村，已不是昔日模样，房子都是崭新的别墅式。商业气息渐浓，数得过来的古茶树，吸引全国各地的茶商慕名而来。而如今市面上满大街都是的冰岛茶中，真正出自这里的可谓少之又少，若是买到出自广义冰岛行政范围内糯伍、地界、坝歪、南迫的茶已经相当不错了。

今年天气干旱，茶树发芽普遍比往年晚，古树茶鲜叶的报价又创新高，站在广场上看右边的山，那片山新开辟种下的小茶树已经长高很多，天有些阴阴的，师父说"走吧，再等等，下山去吧，你手中的那些茶可留好了"，做"那些茶"时，冰岛还没如今这么出名，市场也没如今这么复杂。

生熟普洱

——

普洱茶是云南特有的古老茶类，这个茶类里有两个兄弟，老大叫普洱生茶，老二叫普洱熟茶。生茶性格突出，熟茶脾气温吞；投茶入瓯，为自己泡上一杯普洱茶，生茶说：我就是我，独一无二的我。无法拒绝的，关注度都会被吸引到它身上，一刻都不忍离开，你看老班章的老辣变化，易武的贤淑温柔，景迈的花香袭人，冰岛的单纯甜美，昔归的王子霸气，勐库大雪山野生生普的遗世独立……熟茶总是不说话，它只是默默地陪伴，你可以安心地读书，抑或是抱着狗狗看会儿电视。我爱普洱，深深折服在生茶面前，也会因为熟茶给的这份温暖的陪伴而感动；生茶告诉我世界很大，美好可以有那么多种，带我跋山涉水走过那些大山大川；熟茶给的是一份体己，是呼啸的北风天一杯暖意浓浓，是温吞美好的小日子。

老大生普光芒万丈：周武王时它就身在诸侯王进贡的清单；三国时期蜀国诸葛亮南征时也留下了它的痕迹；唐时《蛮书》里有

它的记述；宋时它成为茶马交易的主要商品；明时《滇略》里记录当时云南"仕庶之用皆为普茶"；清时它变成赫赫有名的贡茶，溥仪说"冬喝普洱、夏喝龙井是皇家贵族身份地位的象征"，《红楼梦》中的宝二爷谎说吃多了面食怕积食，林之孝家的劝他闷一泡普洱茶来喝喝……

生普万众瞩目，掀起一浪浪山头茶和古树茶的热潮：古有澜沧江东的古六大茶山、后有西岸的九大茶山，今有老班章、冰岛、昔归、刮风寨，现有薄荷塘、茶王树、滑竹梁子、桃子寨和勐库大雪山……这些小微产区从产区环境、人文风貌特别是制成成品茶的表现各有千秋，引无数英雄、美人竞折腰。更不用提这里的茶王树拍

冲泡散的普洱生茶

普洱生茶新茶的茶汤

卖刚结束，另一面的斗茶大赛方兴起，那边传来百年老茶号的茶拍卖了一千多万元……

相比来说，熟普的出现比生普晚了好几百年，普洱茶的现代渥堆工艺萌芽在香港，成熟和大批量生产始于 1973 年，它从诞生之初起就大量出口。老茶除了因为稀缺和品饮度更佳、价格会高一些外，江湖上鲜见它的新闻。它就默默地存在于百姓的生活中，做一个安静的暖男。

是的，熟普洱是一枚暖男，它有红茶般的甜润，但比红茶更温厚。新茶有淡淡的糯香和枣香，有些老茶则会散发出类似人参的

普洱熟茶茶汤

香气似妈妈煮的暖身汤。像所有的暖男并不是一开始就温润、会疼人一样，普洱熟茶也不是天生就是这个模样，它也曾跟普洱生茶一样，张扬、豪气、有点大大咧咧。它也跟普洱生茶一样经历采摘、摊晾、低温杀青、揉捻以及太阳下的晒干，只是它后来又经历了长达五六十天的渥堆发酵。这是一次蜕变也是一次漫长的历练，又是一场浴火重生。温度、湿度高了茶叶会坏掉，温度、湿度低了又达不到发酵条件，渥堆时间长了，茶叶会焦化、碳化，渥堆时间不够又形成不了风味。只有在相对均衡的温度、湿度下，激活活性酶同时引来微生物的参与，在时间刚刚好的时候起堆，它才是迷

普洱生茶老茶饼

推荐用紫砂壶冲泡普洱茶老茶

人的模样，就像武林里练武功一样，不够会前功尽弃、过了会走火入魔。所以若是遇到一款好的熟普，定要好好珍惜：它为了陪你，甘愿经历这一切，磨去了个性，化为一种温柔。

我喜欢普洱茶，不论生、熟，更多的是喜欢这一份长长久久、历久弥新的陪伴，在这个瞬息万变的时代，这份陪伴最长情也最珍贵。我喜欢看生茶在时间里历练，从青涩霸气到沉稳内敛，从历经浮华到返璞归真；我喜欢熟茶在时间里沉淀，出走半世后归来时越发澄澈，若老衲悟空。所以我喜欢喝普洱生茶，在生茶的各山头里体味一方独特的山川气息，看它们老了的模样；喜欢喝熟茶，在熟茶中得到一份贴己的温柔和一份精神的安抚。是了，"生普带我看世界，熟普陪我过日子"。

月光美人

第一次看到月光美人的干茶的时候，我想起了一个人，古龙先生笔下的他用带着栀子花香的水洗脸，喜欢着一身雪白，从内到外。他面如皎月，静静修罗般，仿佛世俗的蝇营狗苟和他没丝毫关系，他的名字带一个雪字，映照着他的内心世界一片白雪皑皑、冰封千里。这个人就是西门吹雪。那时候的月光美人在茶荷里静静地躺着，满身银毫，从上到下的白得彻底，清幽里带着几分距离，距离里有几分孤寂。再仔细看却又不是，它的白实际带着几分暖意，弯弯的身躯带着几分柔美，它的白毫又不似福鼎白茶一样张扬、夸张，而是收敛伏贴着有它自己的矜持，它应该是位女子，它是她。

投茶入水，任你是用冷水冲泡或是沸水快浇，它的初味都只是丝丝若有若无的冷香，你就会知道，它不是耳畔软语的莺莺燕燕，倒是若小龙女般地带着几分离群寡居和不食人间烟火。

陈年的月光美人会有浓郁的花蜜香

仔细一想，也许它只是不想在一开始就露出本真给你看，它用冷淡在你我间划出一道界限：你想清楚再往前走，你若是轻佻试探，请就此止步。

第二泡，白毫慢慢隐于水封之下，茶叶便慢慢露出底色。你若有能力让它沉沦，它冰冷背后的柔软才会为你慢慢展现：月光美人是柔软的，这柔软可以化掉一切坚硬和冰冷，就像西门吹雪的妻子孙秀青。

月光美人已经历了第一泡的小心试探，第二泡的初步考验，直到第三泡，它放下防备，开始展现自己全部的柔软甘甜。它把身体里所有的内含物都妥善安放在余下的茶汤里，一如女子安放自己的余生：你自此别人怎么说也好，外人怎么说也罢，它都不会在乎。以赤子之心待你，是它自己的选择，它从不会后悔。

到第四、第五泡，你自始至终品尝到的，都是它纯粹的柔软，快速的回甘，悠然的花果甜香，即使你是一个泡茶新手，水温时高时低，注水不稳定，不知道什么是温柔以待，它也能稳稳地表现如此。仿佛没有什么可以毁灭或成就它，没有什么可以阻止它绽放，不论怎样它都不变初衷地做好自己。

若你仔细品味，那貌似不经意飘出的花果香里带着一丝柑橘的明媚，这明媚是和煦的，像它的出生地云南。月光美人出生于云南，古来仙女姐姐和极品女子都爱住在高处，而云南属于云贵高原，难怪月光美人总是隐约带着一种高处不胜寒的气息。若是拿云南当地的女子做比喻，它应该会像跳《月光下的凤尾竹》的杨丽萍吧，一方水土一方人，一方水土一方茶，同一方水土养育出来的，应该会有灵魂的共同之处。

你说月光美人干茶芽头壮实，我说它是来自云南的大山密林里，这大山密林里早晨云雾缭绕，白天晴空万里，晚上星河灿烂。这里的天地之气远离城市，远离雾霾，它在这里才真的是吸收天地精华。

若问起月光美人源自什么时候，这里的人只会告诉你，我爷爷小时候就有做。这里的人们，基本都是可爱的少数民族，或布朗、或彝族、或哈尼、或傈僳……行走在云南，你若说自己是汉族，有时候他们会幽默地说："哦，来到云南，你现在是少数的民族。"他们有些裹着头巾、有些穿着筒裙、有些戴着特有的银饰，有些说着自己民族的话听不懂的普通话……

曾经试着去探访过月光美人的起源，在云南它属于月光白一类。普通的月光白的原料是一芽一叶到两叶的，而月光美人只选用单芽。制作工艺极其简单，鲜叶采摘回来直接晾晒干燥就可以。单从工艺上讲，它的历史应该比绿茶、普洱茶还早，毕竟人类对茶叶的利用是一个从简单到复杂的过程。最早的人们是直接摘茶树的鲜叶使用的，最简单原始的贮藏应该就是晒干收纳，一如西藏地区的人们如今还会把生牦牛肉晒干储存，东北人喜欢晒萝卜干、豆角干、茄子干，以供冬天食用。只不过之前的很多年里，当地人有时

月光美人是满披银毫的纯芽头

月光美人干茶

候把它当成普洱茶卖。

　　说到月光美人的崛起和归类，不得不感谢福鼎白茶，福鼎白茶一夜之间火遍大江南北，让大家认识并认可了白茶。这一类制作工艺极其简单的茶，以其"一年茶、三年药、七年宝"的功效为突破口迅速席卷全国。这时候才有人认认真真地关注白茶，才有人忽然发现：月光美人和月光白从工艺上讲也属于白茶类。于是它开始有了自己的身份。

　　外人传言，月光美人是月光下很多美丽的女子采摘的，所以叫月光美人。第一次听说的时候，我忍不住哈哈大笑。走遍中国的茶区，没有哪个茶区是夜里采茶的，何况云南林深路险，夜行动物众多。若真去较真又无从考证，有人说是因为它满披茸毛的状态很像月光洒在物体上的样子，也有人说是因为它在月光下晾晒而成的。无论哪种，给它命名的人一定是浪漫的，也一定是懂它的。而至于树种，有些人说是景谷大白，虽说是主流，但是行走在云南的时候也有见很多地区的人在用其他品种做月光美人的。无论如何，月光美人都是来自云南的，满披白毫的茶中美人：这美人不倾国也不倾城、不艳冠群芳、不争不抢，就这么一身素雅，仿佛天外来客，不沾任何烟火。

凤庆滇红

———

如果用一种茶来表达金秋，应该没有什么茶可以比滇红更合适了。干茶金毫显露，像是田野中黄了的麦穗，带着收获的喜悦；金晃晃的茶汤像极了秋天的丽日；闻茶汤的香气，那是热恋般如胶似漆的甜蜜，明快的色调中略带柑橘的芬芳气息；细品茶汤，茶汤醇厚有力量，入口后那丽日那明亮还有那暖洋洋瞬间蔓延整个口腔，同时它又纯净似一泓山泉水细细流淌。

第一次遇到滇红就被它满身的温暖和积极向上打动，这是一个来自彩云之南的正能量小太阳，它红扑扑的脸蛋上满是朝气和希望。

它是根正苗红的。它诞生于 1939 年，被称作是"抗战之茶"，当年创制它的目的是出口创外汇，支援国家的抗日战争。它也确实为抗战贡献了力量。

它凝聚了一代茶人的满腔热血。1939 年，30 多岁的冯少裘先

凤庆老茶厂传统的竹篾吊式萎凋

古树红茶基地的古茶树

古树红茶基地采茶

生徒步几天几夜来到这个边陲之地，建立顺宁试验茶厂（1954年后正式更名为凤庆茶厂）。1940年11月，顺宁实验茶厂全体员工的合影中，那一张张洋溢着青春和斗志的脸上，写满了坚毅和昂扬。

它诞生在那个以明媚阳光著称的云南，茶树在阳光里成长、在阳光里歌唱，所以阳光是它的灵魂，是它的气质——除此之外它还带有云南山里娃的不娇气，好泡是它的一个重要特点。其他的红茶小姐需要小心翼翼地伺候着，稍不注意注水方式、水温和出汤速度，它们就会或酸或苦涩的给你脸色看。在滇红面前，即使稍微有点闪失，它也会包容对待，绝对不影响绽放。它从不与人拼出身，但是因为属于云南大叶种家族，它出名的耐泡度高，一泡茶，几位好友便可度半日时光。它以它的独特征服世界：1957年，滇红工夫以每磅168便士创下伦敦茶叶拍卖市场最高价，1958年，滇红特级工夫红茶又以每磅240便士夺魁，此后的滇红金芽，又以每磅500便士的高价，再创国际茶史新高。

目前云南很多地方都在生产滇红，但是滇红之乡是云南的凤庆。凤庆属于临沧市，这里是世界茶树的发源地之一，凤庆的香竹箐有目前世界上树龄最大的茶树——锦绣茶祖。这棵大茶树在这里一站就是3200年，而且目前仍然枝繁叶茂。境内的鲁史镇作为历史的见证，安然地窝在山中一角。这个镇子至今仍延续着古老的生活方式，只是那曾经繁华的茶马道上已不见马队、商队以及战争年代来往的军队、政客和知识分子。这片土地上还曾经到访过徐霞客，

野生古树红茶干茶

红茶的竹筐发酵

在他的游记中，这里有浓墨重彩的一笔。从临沧市到凤庆县城100多公里，山路盘上盘下耗去大半天，路边的古山茶，开得倾国倾城。

一进凤庆县城，迎接我们的是"世界滇红之乡"的标识，这是个满城都飘着滇红茶香的地方。县城中的人基本都跟滇红有关系，有些是老滇红茶厂员工的家属，更多的一部分人至今仍经营着滇红。拐到朋友的茶厂参观，如北京798艺术中心式的老厂房，厂房上的革命标语被粉刷一新，"鼓足干劲、力争上游、多快好省……"

茶厂里仍然在保持生产，有些功能区和设备从上世纪七八十年代一直用到今天。宽敞的萎凋车间在建筑的二层，为了增加使用率，当时的人们在屋里吊起的一层层长方形的竹篾，采摘回的鲜叶在竹篾上均匀地摊薄，一排排的窗户透进散射的光线同时又足够通风。红茶的萎凋与其他茶类不同，需要萎凋时间更长。楼下就是揉捻车间，几十台揉捻机一齐晃动着手臂，场面颇为壮观，几个师傅不断地走来走去，监督着揉捻机的作业，茶青经此揉捻细胞壁破裂，茶汁渗出附着于茶青表面，更利于后期的氧化发酵。隔壁的发酵车间里，茶青被装进特制的木箱中，等着活性酶带动茶中的内含物来一个彻底大转变；另一边的厂房里，一排排理条机轰隆隆地振动，让茶青们变成顺顺溜溜的模样；这一边的烘焙机为茶叶干燥……

朋友问我感觉怎么样，"好，是很好，但是我个人还是喜欢手工茶，喜欢掌心里的温度"，朋友哈哈大笑，转头带我绕到刚参观过的那排厂房后面，这里还有一排几近一模一样的老厂房。与前面厂房不同的是听不到机器的轰隆声，倒是有师傅们在有条不紊地做茶。"好的古树红茶和野生红茶就出自这里，手工制作。"

古树红茶和野生红茶是近几年市场上新兴的滇红里的高端产品。凤庆周围跟云南其他产区一样，有成片的古茶树，用古茶树的茶青制成的滇红就是古树红茶。跟传统的滇红相比，古树红茶把传统滇红的香气、汤感、滋味、回味都提升了一档，添了成熟稳重，越发的优雅迷人，香气和甜蜜从骨子里往外散发，如果传统滇红是女子豆蔻，古树滇红则是女人三十。野生红茶则是另类的存在，凤庆周围包括整个临沧地区有很多的野生茶树，这些茶树未经过人类驯化和干预，自然的生长和繁衍下来，性状跟普通的茶树完全不一样。这类野生茶树制成的红茶，干茶不似传统滇红和古树滇红漂亮，黑油油的不像个姑娘。闻干茶香，桀骜不驯的野香迎面扑来，似在告诉来者不许靠近。这野香独一无二，若是你闻过就一定会记得。端起茶杯细品香茗时又会庆幸：幸亏没被它的障眼法吓住，否则该错失了这独特的美好。这茶汤里满满的都是柔情似水，茶汤入喉后那股野香从口腔里升起，在口腔里飘荡，久久不散。

此刻的北京已是秋意凉，金秋未到却是最适合喝滇红的时候，为自己泡上一杯滇红，阳光的气息在手边飘荡，想念凤庆的丽日，想念顺着山壁流下来的小瀑布，想念石洞寺的百年山茶，想念那片古茶树，想念站在山边遥望的澜沧江……

安徽

在我眼中，茶都是一个个鲜活的生命，

它们有个性、有脾气、有情怀、也有自己的故事。

黄山毛峰

——

　　初见黄山毛峰，觉得它在讲究颜值的绿茶江湖中长得并不漂亮，蓬松的外形略有点随意和不修边幅，像刚睡醒还没有梳理头发的毛丫头。

　　润杯投茶，香气也没有独特到像龙井和碧螺春一样能让人一下子记住，幽幽的青草香和豆香里飘着一缕兰香，有点泯然于众人的意思。水沸稍凉，提壶瀹泡，茶叶在玻璃杯里轻轻沁润、慢慢舒展。轻啜一口，茶汤竟然如此醇厚，入口是细细的甘甜，纯净如一泓泉水，纯洁如未经世事、还不知性别区分时的姑娘。"这茶特别惊艳"每次上绿茶课我都这样说，这茶惊艳在大智若愚：虽长得貌不惊人让人降低对它的过分期许，但等它一出手时，只要不偏不倚，都是惊喜和加分。

　　若你进一步了解它，就会发现它是集徽州天地和文化的精华于一身。徽州的灵秀山川之气聚于黄山，黄山是中国唯一一座集世界文化遗产、世界自然遗产、世界地质公园为一体的世界级风景名胜区。黄山从徽州群山中拔地而起，山顶笔直的花岗岩体经过亿万年的侵蚀后直插云海，有飞来石、猴子看海这样鬼斧神工的奇观；黄山上一会儿云蒸霞蔚似海上蓬莱仙山，一会儿远处的云升起、汇集，朝这面汹涌而来，这些云儿聚在一起一会儿似大海波涛汹涌，一会儿遇到山峰又瀑布一般倾泻而下，若是太阳初升时在天都峰上，你会真真切切地体会到李白的那句"日照香炉生紫烟"中描绘的意境；黄山松从石缝里长出，它一只手紧紧抓着岩壁，身体却在迎风舞蹈，它在天地间顽强生长，长成独一无二的模样；冬日里的黄山更是银装素裹仿佛塞外天山。

明代徐霞客赞叹："薄海内外之名山，无如徽之黄山。登黄山，天下无山，观止矣。"黄山吸引来了石涛、郎静山、张大千、黄宾虹，他们醉心于此，把中国人的宇宙达观融入山水画。中国绘画史上的黄山画派也一枝独秀。

黄山毛峰的特级产区就在黄山风景区境内海拔 700 米到 800 米的桃花峰、紫云峰、云谷寺、松谷庵、吊桥庵、紫光阁一带。这里峰峦叠翠、清风徐徐，这里碧水蓝天、云雾缭绕。风景区外的汤口、岗村、羊村、芳村也是黄山毛峰的重要产区，历史上这四个地方曾被称为黄山毛峰的"四大名家"，此外的富溪乡也是黄山毛峰的最佳产区。回头再来看黄山毛峰，它那不拘一格的外形带了满满的黄山特色，不同寻常中带着几分奇秀，有一些看起来像极了黄山

黄山迎客松

徽州古村

顶上根根伫立的险峰。那汤中的清澈、清纯以及幽幽的甜是因了这微甜的空气、似仙境的云雾吧。

行走在徽州，除了黄山，你还会被徽州的文化深深吸引。徽州的文化藏在这山间碧水旁的粉墙黛瓦里，荡漾在一个个古镇里，流淌在每个徽州人的血液里，浓缩在徽商文化里。无论你走在徽州老城抑或是西递和宏村，一栋栋老建筑里说着徽州人的人生观、价值观、世界观以及对后代的企盼。西递的楹联上写着"事临头三思为妙，怒上心一忍为高"，"能受苦方为志士，肯吃亏不是痴人"，"静者心多妙，飘然思不群"，"会心今古远，放眼天地宽"。

宏村的建筑结构布局，不论是小窗棂的设计还是院子里的山石，再或者中堂前的摆设中都可以读出浓浓的徽州、徽商文化。徽州人重视读书，楹联上写满了对后代子孙的谆谆教导。徽州人是不怕吃苦的，徽州的男子若是不读书，十三四岁就要独自出门经商闯天下了。徽州人重视个人的修养，不怕吃亏、达观地面对世事，所以在明清之际在全国都颇具影响力的徽商大都是儒商，他们勤奋好学有创造力，走南闯北不怕吃苦。

黄山毛峰的诞生书写的也是徽商的传奇。黄山毛峰诞生于清代光绪年间，由徽州的谢裕大茶庄创制。在今天黄山市徽州区的谢裕大茶叶博物馆我们能完整了解黄山毛峰诞生的始末。谢正安，字静和，1838 年出生在歙县漕溪，十几岁就出门经商并小有所成。太平天国运动一度让谢家一无所有，谢正安只能带领家中老小回老家

种茶为生。19 世纪 60 年代末期，洋务运动以后的清政府开始"商务奋进"，上海成为新的通商口岸并逐渐取代广州，成为我国茶叶外销的第一大口岸。这时毗邻上海的古徽州有了百年难得的发展机遇。身为茶商的谢正安敏锐地意识到其中商机，春季收购春茶，经加工后便运到上海市场进行销售。但是那时候的上海市场各地茶叶云集，加工略显粗放的徽州茶根本无法在西湖龙井等上好的绿茶中占有一席之地，除非改进现有工艺创制独一无二的好茶。谢正安决定创新并从黄山地区的茶入手，黄山地区高山叠翠、云雾缭绕，极适合茶树生长，自古就是重要的产茶区。为创制好茶，谢正安在清明后谷雨前，亲自带人上山精选采摘初展肥壮的嫩芽，回来后反复试验尝试，在黄山云雾的基础上进行改良和创新，最终创立了黄山毛峰。《徽州商会》有记载说："黄山毛峰肇始于歙县漕溪谢裕大茶行。"首批黄山毛峰上市就在上海一炮打响，备受市场欢迎，洋行争相购买。

这就是黄山毛峰，它来自黄山，汲取徽州之山川灵秀。它由徽商创制，并由徽商传承、发扬至今。若是你来徽州，坐在古镇上品上一泡黄山毛峰，看着夕阳下的古道，仿佛可以看到徽商们匆匆的脚步，以及脸上坚毅的神情；若是你来黄山，山顶上听着松涛、对着流水品一泡黄山毛峰，这山川之气从口腔咽下，向四肢散发，那一刻真心仿佛跟清风明月融为一体。

祁红工夫

———

在我眼中，茶都是一个个鲜活的生命，它们有个性、有脾气、有情怀，也有自己的故事。昨天友问：你觉得红茶该是什么样的。我说红茶应该是女人四十。这个阶段的女人无论她是什么样的，很多事儿、很多东西都已经尘埃落定，红茶里独有这一份安稳、安定感。女人四十，也许她已经找到归宿，有了一个安稳和睦的家；也许她还单身，但是这个年纪她已经不再在意单不单身的问题，她知道自己该如何活着过以后的日子，内心是安定的；也许她是事业型的女人，一路拼搏而来，四十岁也该事业小有成就，不用再到处奔波。这个时期的女人，不再彷徨、不再失落，不会愤世嫉俗、不会手足无措，经历那么多后有的是一份时光里的温和和从容。

说起祁红工夫茶，它略略的有些与众不同。它出生在清末的祁门，祁门以东北有祁山，南面有阊门而得名。沿境而过的阊江古来就是重要的水运通道，同时也是重要的茶叶运输和交易要道，现在

祁门红茶茶园

祁门的南部地区就属于唐时"商人重利轻别离，前月浮梁买茶去"的浮梁。

这里属于"一生痴绝处，无梦到徽州"的徽州大地。初入祁门，惊艳于满眼的绿油油，小山通体绿色连绵不绝，一派安静、祥和的气息。车行数十公里，山丘起伏，怎么看也看不到尽头。说及此处，祁门的叔叔哈哈大笑，说祁门是"九分山半分水半分田"，这山是找不到尽头的。祁门是安徽省森林覆盖率最高的地区，覆盖率可达 90% 以上。

祁红工夫是清末在余干臣和胡元龙的倡导下诞生的。余干臣从福建辞官归乡后，在福建多年的他看到红茶能够富裕一方百姓，所

茶汤

以想办法把闽红工夫的制作方法带回家乡，造福家乡百姓。胡元龙同时也借鉴江西修水宁红工夫的做法，带动乡亲们广种茶树，推动了红茶在祁门的普及和发展。

它曾经艳冠群芳。在 1916 年的巴拿马国家博览会上，它捧得金奖而归，这荣誉堪比如今的世界小姐。它的独特让评委们惊艳、赞叹，任何词去形容它都显得肤浅，搜遍脑海都找不到合适恰当的词来描述它，于是为它的美取了个专有名词叫"祁门香"，在茶里享有此殊荣的也唯有它。

它曾经被万人追捧，无数人拜倒在它的石榴裙下，被称作"世界三大高香红茶之一"。20 世纪的前 30 年祁红的出口量占到全部红茶出口量的半壁江山，远远超过正山小种。那时候的它是皇冠上的明珠，芳华绝代、举世无双。它吸引来了大量的人才：现代茶圣吴觉农来这里建立祁门茶叶改良试验场尝试红茶机制，庄晚芳先生和冯绍裘先生也先后来到过这里。

后来虽然也跟随国家经历了抗战以及内战那段艰难时期，新中国成立以后它仍然坐稳国内红茶的头把交椅，很长时期备受保护和扶持。它以它的国际范和国际知名度担当起外交使者的角色，长期作为国礼送给国外领导人和国际友人。至今祁红工夫仍保留着从那时候延续下来的分类方式，祁红工夫与其他红茶不同，从高到低依次分类为：礼茶、特茗……那是祁红的辉煌年代，邓小平同志曾说过"你们祁红世界有名"，它那么幽雅、迷人，高高在上，普通人只能远远地听说它的芳名和传奇故事，绝对没有机会近距离的接触，就连当年祁红茶厂的员工，参与了制茶全过程的他们，根本没有机会喝上一口，谁都不知道祁红工夫到底是什么样的香，喝起来又是何种滋味。

一切的转变从改革开放开始，从这时候起祁红工夫开始独自探索生存之路。从这个时期它尝试内销，也开始独立地面对国外市场的竞争。从这个时候开始，国内人才终于可以一睹它的芳容。

很多人惊诧：这就是芳名满天下的祁红？它不仅短小不漂亮，为什么还是碎的？对，祁红工夫一直以来就是这个样子。它经过毛

四木桶揉捻机

茶制作以后，精制阶段要经过初抖、打袋、初分、毛抖、毛撩、净抖、风选、拣剔、拼配、补火、匀堆等不同阶段。精制一批茶至少要抖、筛 40 多次，而所需要的筛子就有接近 20 种，这些筛子有大小不同目数，以作精细筛分茶叶用。独特的祁门香和祁门红茶的奥秘就藏在这精制过程中。

传统的祁红工夫毛茶来自各乡镇，而不是单一产区，精制过程中制茶师傅按照经验对各产区、各批次的茶进行拼配，这样做出来的祁红工夫独有馥郁醇厚的口感。花香、果香、蜜甜香深深地缠绕在一起，既有东方女子的温润、含蓄，也有西方女子的大气、热烈。不似其他红茶一样单调的纯甜，而是融合更多美好在身体里：它既可以琴棋书画诗酒茶，也可以外语洋酒交谊舞；既可以温润如玉，也有独当一面的小霸气。茶汤上飘着的香气，似玫瑰花，却比玫瑰更迷人。

现在的祁门大大小小的门店都在经营着祁红，这个城市几乎每个人都与祁红有着千丝万缕的联系。那句"你们祁红世界有名"成为祁门人的共有招牌，2004 年国企改制以后，老祁门茶厂的员工们散落各处，有很多创业建起了自己的茶厂。祁红落地，变成了全祁门的祁红、全祁门人的共有资产和财富。努力找寻祁门的旧时光，那些痕迹埋没在高楼大厦里，变成了这座城市的过往，也成就了这座城市与其他城市不同的气质。

祁门安茶

——

　　安茶属于六大茶类中的黑茶，近些年普洱、湖南安化黑茶以及广西六堡茶大兴崛起之势，与此相比的安茶却略显寂寂。在陈宗懋院士编纂的《中国茶经》里面找不到关于安茶的具体记述，市面上也看不到。所以一直想去品尝传说中可以清凉解暑、被岭南和东南亚一带视为治病良药的安茶却没有机会。6 月 30 日跟祁门的董总微信聊及老茶时，他说"我这有 90 年代的安茶，从 2006 年开始因为有广东茶商定制每年也在生产，要不要下来看看？"于是赶紧排课，安排了这次祁门之行。

　　董总生于 1963 年，是老祁红茶厂的职工。老祁红茶厂改制前，董总跟朋友成立了自己的红茶企业。厂里存放着几台老式的木制揉捻机，董总自豪地说，自己的这几台比祁红博物馆的还要早。祁红现在是这个城市的名片，可是在祁红出现之前祁门全县主产的是安茶。

关于安茶的实际产生时间学界尚无定论，《祁门文史》中依据民间称呼安茶为"软枝茶"，根据明成祖永乐年间（1403—1425年）编撰的《祁阊志》卷十《物产·木果》中有"茶则有软枝，有芽茶，人亦颇资其利"的记述，推测其至少诞生于明永乐年间，也有人认为诞生于明末清初。即使从明末清初起计算，安茶的诞生也比祁红早200多年。《祁门文史》中同时记载安茶历史产量最多时应该在清光绪之前，当时祁门全年茶叶产量在四五千担，其中安茶占相当大的比重。

当时有很多家商号专门经营安茶，其中，据祁门李氏宗谱记载，清乾隆至咸丰年间，祁门南乡景石做安茶生产的就有：李文煌、李友三、李同光、李大镕、李教育、李训典等数人。即使在祁红兴起，逐步取代了安茶，成为第一大外销茶后，还有很多人在经营安茶，1933年由祁门茶叶改良场编纂的《祁门之茶业》统计："1932年全县计有茶号182家，其中安茶号还有47家。"

董总带我参观他的贮茶间，贮茶间被董总设计成恒温恒湿，祁红和安茶分别存放。董总顺手从安茶的贮茶间里拿出几个小竹篓和几块茶砖后，招呼我到茶室喝茶，"走，尝尝安茶"。小竹篓很别致，两个对放，六个为一捆儿。取出其中一个，小竹篓里箬叶把茶包得严严实实。小心把箬叶打开，映入眼帘的是一张不大的茶票，茶票类似早期普洱号级茶的内飞："具报单人安徽孙义顺安茶号，向在六安采办雨前上上细嫩真春芽蕊，加工拣选，不惜资本。

安 · 徽

安茶茶汤

向运佛山镇北胜街，经广丰行发售。近有无耻之徒，假冒本号字样甚多，贪图影射，以假混真。而茶较我号气味大不相同。凡士商赐顾，多辨真伪。本号茶篓内票四张：底票、腰票、报单、面票。上有龙团佳味家印，并秋叶印为记，方是真孙义顺安茶，庶不致误，新安孙义顺谨启。"

这又是安茶有意思的地方，安茶明明生产在祁门，但是很多老茶号的茶票上却自称产自六安，也因此安茶在消费地又被称为六安茶、老六安或者六安篮茶。若深究原因要从安茶的定位说起。祁门人制作安茶但是自己却不饮用。当年安茶做完以后，沿水路走汇集到芦溪，而后由阊河运至饶州出鄱阳湖入赣江到达赣州。然后易小船溯章水而上至大庚（南安）登陆，越大庚岭（梅岭）入粤界南雄然后到广州、佛山一带，一部分在岭南一带销售，另一部分转向香港和东南亚一带出售。由于明时起产自皖西的六安茶就开始入贡，名气非常大："六安州之片茶，为茶之极品"，"天下产茶州县数十，惟六安茶为宫廷常见之品"，"金粉装修门面华，徽商竟货六安茶"。所以安茶号在行销安茶时为了茶品好卖，便也自称是采自六安的原料。

董总小心地称出一泡茶，准备温杯洁具。我仔细端详安茶的外形，其外形紧秀齐整倒有些传统祁红工夫的样子，但是明显没有祁红乌褐，董总说："这是安茶的最高等级叫贡尖，安茶分三个等级：贡尖、毛尖和花香。"

安茶的制作分为初制和精制两个部分。茶青原料采摘时间一般在谷雨前后，以一芽二叶、三叶为佳。初制分晒青、杀青、揉捻、干燥。精制要经过（复烘）筛分、撼簸、拣剔、复火、夜露、蒸软、装篓、架烘、打围成型这些工序。旧时初制完成后农家就会把茶卖给商号，然后商号再进行精制阶段。精制时毛茶要复烘一下，通过筛分、撼簸和拣剔，不同等级的原料就可以区分开，等待白露时把茶用竹簟摊于室外经夜露一宿，次日清晨用木甑装好，置于专用的锅灶上蒸三到五分钟，茶叶蒸软后，趁热装入内衬有箬叶的茶篓里用力压实。两篓相对并成一组，每三组用竹篾扎成一条，把成条的安茶置于木架上，上覆棉被，架下置炭火，烘至足干，最后打围（用箬叶把数条安茶包扎成一大件），安茶的制作才算结束。所以安茶的整个制作需要 8 个多月的时间。

董总手上这批 2006 年安茶贡尖是当时应广东茶商要求参照古法制作的。经过 11 年的陈化，茶汤略显红浓，尾韵满口清凉。安茶当初在广东和东南亚立足，最大的卖点就是以陈为贵，陈而不霉，越陈越香。安茶茶性温凉，有去湿解暑功效，曾被医家入药，降伏瘟疫，所以被尊为圣药，在这些地区常做药引使用。

据台湾紫藤庐主事周渝先生说因为六安茶比较凉，所以从前香港的上流社会，习惯抽雪茄配六安茶，因为雪茄上火，品老六安茶，可以消去火。细品 2006 安茶贡尖，思索安茶的神奇功效以及安茶特殊的凉感，这功效是因为陈茶火气减退，制茶过程中的微发酵，必不可少的夜露，还是包装的箬叶？或许这些原因兼而有之吧。

跟董总聊安茶近些年的生产状况，"基本也就是从 2006 年起，特别是 2007 年以后为广东和台湾茶商按需定制"。2007 年 10 月 30 日台北县三重市力行路茶会，邀请台湾知名茶人举办了一

老安茶号里

次别开生面的品老六安老茶活动。对于那次品饮 20 世纪 40 年代
孙义顺六安茶的活动台湾知名茶杂志《茶艺·普洱壶艺》甚至出专
刊介绍老安茶，嗅觉敏锐的广东、台湾茶人开始逐渐关注安茶。实
际在此之前安茶出现过一段历史空白期。祁红诞生之后，由于祁红
在国际市场的受欢迎，部分的茶商转而生产祁红，再加上民国后期

小竹篓装安茶

的战乱阻断了安茶的运输，所以 1940 年以后祁门安茶生产完全停止。1983 年新加坡华侨茶业发展基金会的关奋发先生，寄给安徽省茶叶公司一篓陈安茶，同时附言希望能恢复安茶生产，之后祁门县才开始恢复安茶生产。

"其实大家也是一直在摸索和改进中，争取将安茶的味道带回来，子一你是教茶的老师，你喝喝看，从国内市场的角度给个建议。"董总说，"比六堡茶香高、比安化黑茶细滑、比祁红耐品，我觉得肯定会受到市场认可的，只是时间问题，而时间恰恰是安茶的优势。"我回答。

"前段时间我们还在乡下找到一家老安茶号的旧址，走，带你去看"。开车下乡，道路两边绿油油的，路是单行道，偶尔路过几户人家，房子也安静地伫立着，远远的不见一丝声响。沿路而行的是一条河流，在祁门的旧时特别是祁门南部地区，水路是主要的运输方式。路过一棵巨大的樟树，董总说这是祁门第一樟，大概是唐代时就立在这片土地上，樟树边的老祠堂里斑驳着这片土地上的人对祖先的尊重。走过漫长的村边小道后车子往左一拐，董总说"到了"。

从外面看，这是一个深宅大院，典型的徽式高墙高高地隔离出独立的空间。屋主的后人现在已有 50 多岁，祖屋立在这里至少有 200 年，据他老祖母活着的时候说祖上曾经很辉煌，可惜后来因为抽鸦片落败了。推门进入院子，大门的吱呀声惊起数只蝙蝠，祖屋常年不住人，宅子已经成了蝙蝠的家。这些蝙蝠倒挂在堂屋的屋顶上，肥嘟嘟的倒也没有怕人的意思。一窝蜜蜂也不知从何时起在木墙缝里安了家。标志着祖屋主人当年富贵生活的雕梁画栋虽浑身浮尘但也一眼可见。

登楼而上，绕天井边的跑马围栏转一圈，旧时的谷仓以及家庭用具一应俱全，角落里几个旧时装安茶的茶桶和打包安茶的木箱安静地躺在尘埃里。祖屋的后人说，之前整理祖屋时还扔掉了很多小小的竹篓，那时不认得，现在才知道是旧时装安茶用的。这是一个住宅和茶号加工场连成一体的建筑，整体建筑面积有两亩多，从一楼东面的厨房穿行而过就是老茶号的工作区。先是旧时的蒸茶间，蒸茶灶静默在杂乱下的昏暗里。穿过蒸茶间是一块空场，空场现在杂草丛生，杂草掩映的是露茶院。从杂草中穿过就是一个高的两层建筑，建筑面积很大，据祖屋后人讲，当年全生产队的茶叶都是这里加工的。

一楼一头杂放的木头下面有成排的灶口，这应该是当年烘干茶叶用的，看面积和结构此处应该是旧时的制茶之所。二楼的建筑形式跟传统徽式建筑都对不上号，两端高墙中间全是木栅结构，通风的，建在高处的一层，应该就是当时的贮茶间了。

"我打算把这座宅子保护起来，这座宅子见证了安茶的繁荣和辉煌，也见证了安茶的沉寂和落寞，如今，该是让它看着安茶复苏在祁门大地的时候了。"回程时董总边开车边说。

福建

一到茶季，闽南、闽北的茶人们就开始白天黑夜地忙碌，整个茶季做茶人基本晚上没办法合眼，这其中的辛苦也只有做茶人才知道。

安溪铁观音

——

　　每年的茶季一到，我就会变成一只候鸟，清明节前在江南，节后到云南，五月初必飞到福建。一到茶季，闽南、闽北的茶人们就开始白天黑夜地忙碌，整个茶季做茶人基本晚上没办法合眼，这其中的辛苦也只有做茶人才知道。即将转战到安溪，陈大哥嗓子哑哑地说"我去泉州接你"，"您还是睡会儿，我打车过去"，那天晚上陈大哥发了一个朋友圈动态："这雨下得心拔凉拔凉的，今天晚上可是制茶手艺大比拼了，今天不知道有多少制茶师傅要无眠了，明天的茶什么味道的都会有。"

　　动车到泉州，出来动车站第一时间抬头看天，"唔，今天天气还不错"，若你亲身体验过就会知道，得一泡好茶真的不容易，很多时候得看老天爷脸色，这个在所有茶区都一样。打车上高速，从泉州到感德需要一个多小时，越往感德方向走，地势越来越高、山也越来越多。安溪县地形从西北向东南倾斜，西北部主要以山地、丘陵为主，东南部地势则较平坦，而因安溪素来有个分法：西北部山地丘陵地带为内安溪，东南部称为外安溪，安溪铁观音的核心主产区就在感德所在的内安溪。

出感德的高速口，迎面的是"中国茶叶第一镇——感德"的大石刻。感德镇，以"生长环境最优越、科技最普及、制作工艺最精湛、技师最多、质量最优、茶园产值最高、交易市场最活跃、茶农收入最高、茶企品牌最多、茶文化底蕴最深厚"等众多优势称冠全国产茶乡镇，于 2011 年获称"中国茶叶第一镇"的称号。

陈大哥在高速路口边已等候多时，见面第一句话就是"哎呀，子一，因为你来，老天都放晴了，这几天可以好好做茶了。"陈大哥 40 岁，是土生土长的感德人，戴着厚厚的眼镜，若是不说，看上去更像个教书先生。他是那时候十里八乡少有的读书人，父亲盼着他读完书可以脱离这片土地，可是毕业后他又回到这片土地。因为这，父亲当时可没少跟他生气。问他当时为什么回来，陈大哥爽朗地说"大概我命里就离不开铁观音"。陈大哥是整个家族的老大，所以格外有担当，在泉州上学时就半工半读，把铁观音从家里辗转带到泉州卖，那时候从感德老家到泉州需要整整一天。陈大哥是个极其感恩的人，说起小时候的岁月，陈大哥不住地赞叹："多亏铁观音，我们才有了如今的生活。"

陈大哥的家在感德的槐川村，嫂子已做好饭等候多时。嫂子话不多，但是一直默默做事儿。陈大哥毕业回感德之后遇到了她，那时候他回来做茶家里人多有不理解，但是夫人一直默默地支持他。那些年夫人跟他一起种茶，他做茶、夫人挑梗，他出去卖茶时，夫人看家、带娃。

吃过午饭后，到感德镇上转一圈。感德镇不大，以一条贯穿的茶叶街和交易市场为中轴对称分布，春茶上市时节，车辆、人员进进出出的一片繁忙。每个商户门前都摆着简易的铝制泡台，泡台上一溜数十个盖碗，看上哪号茶自己试，试完拿走。商铺的另一头围坐着很多妇女，她们可以一边用当地方言小声地聊天一边飞速地挑梗。说到交易市场，不得不提2002年到2009年的槐植茶叶交易市场。

槐植片区（槐植村、槐川村、槐杨村、槐东村）一直以出产优质的铁观音闻名。那时候茶季来感德，由剑斗进入感德界后，汽车会排成长龙，有来自泉州、福州、厦门、漳州、莆田等地的，也有来自广州、浙江等外省的车辆。即使在晚上，街上仍然人山人海，数百家店铺同时开门营业，每家店铺门口都设有摊位，摆放着一排茶具，到处是呷茶、品茶的场面和讨价还价的声音。那时，包括茶农在内有一两万人聚集于槐植的夜市，那是当年铁观音繁荣的一个缩影。2010年以后网络、物流等的发展将这种现场交易的形式大大弱化，如今的槐植交易市场只有上午10点到下午2点左右开市了。

铁观音茶园

从镇上出来，去槐川的茶山上看采青工采茶。一路不断遇到采青工骑着摩托急急忙忙地从山上运送茶青下来。他们把车开得飞快，颇有十万火急之势，因为茶青需得及时运送下山，否则就会影响后期质量。茶树整整齐齐的一垄一垄，也有部分人家为了节省时间启用机器采摘。

一路跟陈大哥探讨茶树的采摘问题：手工采摘可以保持茶青质量的匀整，从原料上就保证了茶青质量，但是生产效率不高，采摘成本高必然会拉高成品茶的价格；机器采摘能够保持大规模的生产，能保证更多的人喝到茶叶，但是茶青的匀整度不一，没办法出产高品质的茶。

提及铁观音的现状，陈大哥略显着急，"现在人不明就里地乱说，说铁观音香是因为香精，铁观音的香是它本来样子，只要新鲜叶片的青草气一退，香气自然就来了，我们叫'青若去、香自来'，不信你采一些原料试试"。边说陈大哥边帮我采了一小把茶青，教我轻轻地拍打叶片"手动摇青"。铁观音的采摘标准是中开面，太嫩不行，过老也会影响成品茶的质量。制成铁观音的茶树品种起源于清代，茶树发芽时顶端的叶片呈红色，叶片尾部弯向背部，称作是"红芽歪尾桃"，又名"红心观音"或"红样观音"。用此树种制成的乌龙茶，香气如兰似桂，幽幽散发。

茶青采摘回家后，薄薄地摊晾在竹筛里晒青。我们去见爷爷，爷爷今年快 90 岁了，身体仍然硬朗。陈大哥说爷爷是家里的精神

清香型铁观音

铁观音鲜叶晾青

领袖，从小教育他作为大哥要有责任感、要有担当。陈大哥当年回感德，爷爷常指导他做茶，空时也经常去他店里帮忙。陈大哥家祖宅后面有棵百年的梅占茶树，爷爷年轻的时候它就枝繁叶茂地站在那里，这棵梅占茶树见证了这一家人生活的变化。

晒青完毕后茶叶移到车间里晾青，左边车间里摇青机在做早一批采摘回来的茶叶，右边的车间里师傅们准备好开始手工摇青。做手工茶累人，从晾青完毕以后，就要开始做青，一晚上要仔细观察叶片的变化确定摇青的次数、轻重以及静置时间的长短，基本一夜都没法合眼。即使是用摇青机代替体力劳动，但也得时时守着、密切看着，一刻都离不开人。

第二天的四五点钟，睡梦中的我被周围邻居家的"打袋声"叫醒。顾不上洗脸，爬起来从窗户往外看：这边杀青机在运转，那边打边机摔打一包茶叶以求去红边，另一边的包揉机在有条不紊地工作。铁观音的塑形大概是中国茶里面最复杂的和最耗时的：数十道的反复包揉最终才能成就铁观音独特的沉重如铁、蜻蜓头状的外形。然而经历这一系列工序后再把茶叶烘干，这时候的铁观音才是毛茶，后面要经过仔细地拣剔、挑梗以及评审、拼配后，一泡清香型的铁观音才算做完。若是制作传统工艺的炭焙铁观音，最后还要再加几次文火慢焙才算最终完成。

"陈大哥，你家有没有老铁？"我问。"有，我有好多呢，走，带你去看看。"陈大哥家有一栋房子专门用来存茶叶，推开房门，一股老铁特有的香气迎面而来。"您怎么会有这么多老铁呢？"这些年清香型铁观音横扫大江南北，是很少有人会去做传统工艺的炭焙铁观音的。"还不是因为我家爷爷和爸爸喜欢喝，以前每年他们都会自己做上一批，现在基本每年我都会做一批留给两位老爷子喝，你看每个箱子上都标记着哪一年，谁做的，谁来焙火的。来来来，喝喝我爷爷喝的茶。"

茶杯端起的时候，沉香混着特有的花甜香幽幽飘来，汤香甜醇，茶汤稠厚无一丝刺激，特有一种温暖的力量。"这几年传统炭焙铁观音回归，老铁变成市场热点，你这满屋子都是宝哇。"我赞叹。陈大哥哈哈大笑："这都是拜爷爷和爸爸所赐，我家里最大的宝是他们。"是呀，这股老铁中透出的温暖力量是陈家的根，这也是茶的根，茶就是因了人与人之间的这股温暖的力量才穿行中华文明五千年，成为国人的精神寄托。

陈年铁观音

武夷岩茶

第一次喝岩茶，是很小很小的时候。记忆里的爷爷总是在喝茶，悠悠地沏上一壶茶，慢慢地燃上一根烟，一个人，一下午。有时候我会好奇地凑上前去讨杯茶喝，爷爷笑眯眯地给我倒一杯，看着我一口喝下。"这茶好苦"，我皱着脸大叫。再大一些，各种脚步匆匆，奔来走去，再配上北京的天干物燥，本身极易上火体质的我活脱脱地变成了火娃，一点就着。平时绿茶、生普伴手，没有迫不得已的状况下再也不敢碰岩茶。真正的开始认真喝岩茶是 25 岁以后。

那是一个深秋，还没来得及去钓鱼台和大觉寺看银杏树灿烂的金黄，呼啸的西北风已经风卷残云般吞噬了所有的色彩，只剩枝枝杈杈在风中瑟瑟发抖。北京最难过的日子大概就是这段冬天已来而暖气未到的时候，赶紧翻出最厚的衣服，把自己裹成一个粽子。提前跟老爷子约好了时间，下班后来看他，一路上裹着大衣快步疾

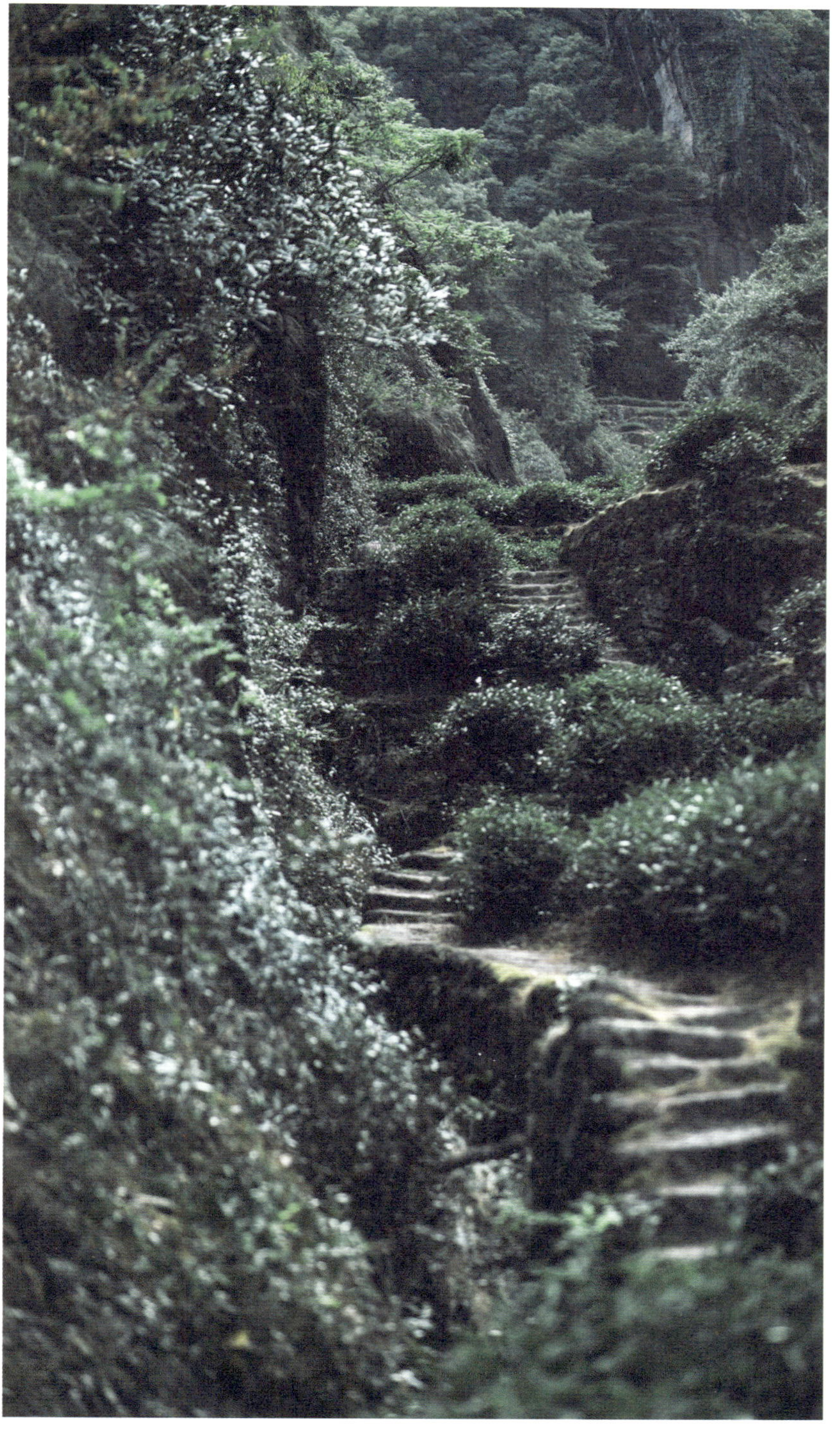

正岩山场的茶园

走。一推门，深沉而熟悉的茶香气撞在我冰冷的脸颊上，瞬间温暖，这茶香气是爷爷的。爷爷唤我坐定，给我倒了一杯熟悉得不能再熟悉的岩茶。各种不情愿着接过爷爷的茶，心想着怎么让爷爷给我换泡别的。爷爷执意让我好好地喝下，"不能因为想当然就去拒绝，然后关上了一个世界的门"，爷爷略带严肃地如是说。老实坐定，轻轻地端起茶杯，浮香沉稳，并没有我想当然中刺鼻的焙火气息，啜茶入口，茶汤稠厚如口嚼之有物。入口微苦，细品甘醇，随着茶汤在口腔里的滚动，香气冲入鼻腔，在口中萦绕。几杯茶下肚，手脚冰凉的我，脚底开始微微发热。那天爷爷少见的话多，从品种、产区、工艺，唠叨了很多。

爷爷走的时候，我不在家，没能看他最后一眼或者送他最后一程。爷爷走后的那个茶季，我来到了武夷山。

进入核心产区，高大的红褐色岩体连绵横卧，爷爷曾经说过，这是丹霞地貌，岩石中富含很多矿物质和微量元素。那些岩体就这么默默站着，毫无表情地看着人来人去。人的生命在它面前也就是弹指一瞬而已。抬眼望去，山体有裂缝的地方就有野草和野花顽强挺立，它们就这样自顾自地迎风舞动。

忽然飘来一丝花香，这花香恰是很多岩茶中能捕捉到的香气，举目寻找，却寻不到到底是何种花开出的香气，后来跟朋友提及此段，朋友说，何必一定要去探个究竟，再深的幽谷，野百合也有春天。

沿溪上行，在慧苑寺中歇脚。武夷山自古以来就是儒释道三

大红袍冲泡

武夷岩茶采摘

种文化聚集的地方。范仲淹来了，写下"溪边奇茗冠天下，武夷仙人自古栽"；朱熹来了，在这里讲学，一扎根就是十多年；从宋代起很多道家人到此处静修，南宗五祖白玉蟾在这里写下这样的诗句："淡酒三杯，浓茶一碗，静处乾坤大"，"饮到如泥卧石鼓，醒来瀹茗自闲适"。明清时候僧院众多，如今赫赫有名的很多核心产区，当年都是在寺院周围，茶由寺院出产，"僧家所制者最为得法，茶出于僧制者价倍于道远"。遥想当年，一定是朝起缁素采茶忙，夕归院中茗茶香的繁忙景象。如今只剩远处白云缠绕，面前青畦成行，物是人非，唯有碧水丹山依旧。

去九龙窠朝拜母树大红袍。六棵母树貌不惊人地站在半山腰，只可远观。2005 年以后这几棵茶树就停止采摘，每天都有数以万计的人慕名而来只求一睹芳容。很多人说，看到茶树，了解了大红袍后略失望，没想到只有普普通通的几棵茶树而已。我想说茶树是无辜的，推波助澜给它包装、为它戴上皇冠的是人，从没有人问过茶树愿不愿意。

去牛栏坑的路上，遇到茶农往山上抬石，垒石蓄土是最传统的栽培方式。对着幽谷的丹壁遥想当年：武夷茶的兴盛始于宋，在那个茶事鼎盛的时期，身为宋四大书法家之一的蔡襄，在北苑贡茶督造官的任上一定也经常来武夷山，要不苏东坡怎会写道"君不见武夷溪边粟粒芽，前丁后蔡相笼加。争新买宠各出意，今年斗品充官茶"，那时候宋人笔墨书画中一定少不了点斗的武夷茶香吧。元

武夷茶季采茶工采茶去

岩茶的炭焙

代武夷茶成为贡茶，每年开山时"茶发芽"的喊山声，一定响彻幽谷，久久回荡。

　　三花峰下监督采茶：标准的中开面，按成熟度分批采摘。虽耗工时，但是这样采摘可以保证成品茶的质量更稳定和齐整。采下茶青一把，轻握手中，突发奇想，"为什么没有人用茶青当新娘的手捧花呢"，朋友笑说，那你岂不是要嫁给茶。采完的茶青被小心地放到竹筐里挑下山，傍晚的工厂里，茶青从萎凋开始就逐渐吐露芬芳。萎凋完毕，师傅开始做青。

　　做青的本事和手艺不是一两天可以练就的，手工做青几乎要一夜不眠不休地看着茶青的变化不断地摇青、碰青、静置。在这个可以机械化大生产的年代，越来越少的人愿意吃这个苦，越来越少的人愿意手工做青，除非遇到特别好的原料，或者是遇到像我一样执着于手工茶的人。武夷的茶季比较长，茶叶干燥后才是毛茶的阶段，后面要经过反复的焙火和拣剔，当年的新茶才算制作完毕。

　　品一杯武夷岩茶，那炽热里是武夷的丹山，那厚重里是武夷茶的历史，那让一般人望而却步的高傲是对自己的爱惜，而那深沉里是历经劫难后的收敛，那霸气是源自贡茶的基因。品一杯武夷岩茶，你若是知道它是经历了做青中一路的磕磕绊绊、一身的伤痕累累后才变得成熟，经历了高温杀青后才褪去了青涩，经历了揉捻的遍体鳞伤后才变得遇水后容易绽放，经历了一次次焙火、浴火重生后才变成如今模样，大概你就能读懂武夷岩茶的铁汉柔情。

桐木正山小种

——

一次，我问友，你们觉得正山小种像武侠小说里的谁。一个朋友说像《陆小凤》里的花满楼，外人看起来双眼失明有缺陷的他武功奇高，却又生性淡泊。又有朋友说正山小种开宗立派像张三丰，我摇头，正山小种的后来光景其实略显凄凉。"像不像无崖子？创立逍遥派，后来隐退，把毕生功力传给徒弟，助推了虚竹"；"要不就是独孤求败，武学代表，独孤九剑，传人代表华山派剑宗大师风清扬、令狐冲等都是很牛的人物"。细想起来觉得都不甚恰当。正山小种的故事很长，想一句话去概括它都是徒劳的。

就传统工艺的正山小种松烟香而言（以下简称松烟香），带着桀骜不驯的气质，是红茶里的异类。红茶大都以香甜的样子出现，特别像是旧社会里要遵守三从四德、温顺恭俭的小媳妇，谁都是温温的、甜甜的，不敢造次，不敢出任何差错。唯有松烟香与众不同，活成自己、不去刻意取悦他人。

正山小种诞生在明末清初，是红茶开宗立派的始祖。茶季的时候，兵荒马乱的年代有一队官兵从桐木关经过，路过庙湾时驻扎在了一个茶厂，军队开拔后茶厂老板发现官兵睡在了茶青上，茶青已经氧化变红。对于老板来说，这些茶青是一年的生计，他急中生智，让人把茶叶揉搓后用当地盛产的马尾松烘焙，如此制成的茶叶乌黑油润，并带有一股淡淡的松脂香。老板派人战战兢兢地送到 45 公里外

桐木采茶

的星村卖，没想到洋人特别喜欢，有人给两到三倍的价格定购该茶并预付银两，之后这种制作工艺就流传开来。

起初它并不叫正山小种，因色泽乌润所以被叫做乌茶，英文对红茶的称呼 blacktea 就源自于它。同时因产在武夷地区，洋人曾经称呼它为武夷茶（BOHEATEA），同时因周边地区的仿制，为了强调产地的正宗性，才更名为正山小种，现在英国人口中的拉普桑小种指的就是它。

1610 年，正山小种随荷兰人的商船来到了欧洲，成为欧洲上流社会的宠儿。葡萄牙公主凯瑟琳与查理二世的婚礼上，它摇曳在高脚杯中，红宝石一样的汤色熠熠发光，那时候它的光彩夺目不亚于王室头上的皇冠，令其他国家的王室成员好奇和艳羡。它那么稀有、那么神秘、那么高贵，使饮茶成为英国王室贵族高雅生活的新风尚，后来安娜夫人的无意之举又让下午茶成了流行的社交新渠道。

这种自上而下的带动，让饮茶轰轰烈烈地在英伦大地上推广，民众纷纷效仿，逐渐把红茶演绎成了一种极其优雅的生活方式，于是西方茶叶的需求量骤增，从而推动了东西方海上贸易的繁荣。那时候的正山小种已不是倾国倾城，而是迷倒了全世界。

世人皆知为了争夺美貌绝伦的海伦，引发了西方世界希腊人和特洛伊人的世纪战争。却不知，当年英国和荷兰为了争取正山小种的茶叶贸易权，曾引发了两次大规模的海上战争。就连如今的强大的美国，当年独立战争的导火索波士顿倾茶事件中也有正山小种的

正山小种鲜叶

身影。

自古人红是非多，它在国外的风靡引来了各种跟风和模仿。先是东施效颦一样，周围的地区纷纷仿制。刚开始它觉得做好自己就好了，但是后来看到众多喜欢它的人上当受骗，它顾不上矜持站在山巅为自己振臂高呼：我是正宗，我是本源，我是正山的小种红茶。

随后在它的基础上闽红工夫创制，湖红、宁红、祁红工夫相继问世，英国人从它这偷走了茶苗、茶工和工艺，让红茶在印度等地落地开花。慢慢的它才看清，原来大家喜欢的是像它这样的一类，而不是它。于是它不再说话，安静地守着幽谷，不再想往日繁华。

20世纪的大半段，战争动荡让所有的茶都沉寂下来。等一切太平的时候，再出来，已是物是人非，国际市场上很多人开始对它陌生，国内市场上很多人根本不认识它的模样，于是很多个夜晚它就孤寂寂空坐深山，吟着那句"只有名花苦幽独，桃李漫山总粗俗"。

2005年金骏眉的诞生，掀起了国内市场红茶的复兴，打破了多年以来红茶国内开花国外香的局面。金骏眉娇俏、名贵，一时间成为万千宠儿，被人簇拥着、仰望着、追捧着，一如当年的正山小种。而没人知道，金骏眉与正山小种本是同根生。也正是这一年，现代工艺的正山小种诞生了，正山小种有了一个孪生妹妹，它只是没有松烟香。随后大赤甘、小赤甘的花名又从产区传出。若说得十分简单，金骏眉、现代工艺正山小种、传统工艺正山小种的茶青原料是同源的。单芽的制成金骏眉，一芽一叶制成银骏眉，一芽二叶做成小赤甘（现代工艺正山小种），三叶级别的原料做成大赤甘（现代工艺正山小种）或者传统工艺正山小种（松烟香）。在这些里面我独爱松烟香，每次茶季来桐木，也必做点松烟香。

从武夷山驱车一路进山，山道蜿蜒，沿桐木溪逆流而上，间或有瀑布从大峡谷高处跌落下来，水声阵阵，配上一路绿荫掩映无上清凉。停车驻足，大峡谷中有很多巨石躺在谷底，千年的日夜冲刷已经磨去了原本棱角变成圆卜隆冬的模样。碧水清澈见底，刚下过

金骏眉的采摘

金骏眉鲜叶

雨，云雾从水面腾起，停在半山腰。行车大概一个多小时就到检查卡口，卡口内就是桐木自然保护区，只有当地茶农登记才能进入。金骏眉的名声在外，没有借机开辟成旅游区，仍坚守保护这一方水土，实在是非常难得。

入桐木，满眼竹林树木，偶尔露出的茶树，一丛一丛地散落在树木之间。不像有些茶区，大面积地砍树开山、梯田式密植。仅从生态来讲，就值得为这里的茶买单。径直开车到山头桐木关口所在地，这里一脚踏在桐木一脚踏在江西。望着牌楼雨中沉思，当年那队官兵们应该是从这里走过来的吧。

调转车头到达基地，师傅拿出前段时间做好的金骏眉。取水泡茶，就着外面的春雨，在专门"焙青"（加温萎凋）用的"青楼"[1]前静静地喝：茶汤色拉油色，高山蜜韵十足。多多问我怎样，虽是"金贵，外面市场追崇，但是我还是思念传统工艺的松烟香"。第一次喝到松烟香就为它着迷。一打开锡罐，浓郁的桂圆甜香混着怡人的松脂香气迎面扑来，小时候在山里长大，极喜欢这淡淡怡人的松脂气息。这气息能把我拉回到云南的深山里：山中的阿妈就着火塘的明火给我煮着桂圆汤，火塘里燃着的就是松木。"那今年就多做点传统工艺的松烟香吧，"多多说，"走，去'青楼'，看看今年第一波松烟香"。

---

1 陈宗懋、杨亚军主编：《中国茶经》，上海文化出版社 2011 年版。

　　"青楼"是一栋木质的房子，是专门做松烟香的做茶场所，没有青楼是做不成松烟香的。青楼一楼烧松木材，二楼用于熏焙干燥茶叶，三楼用于萎凋茶青。自从桐木禁止采伐木材以来，做松烟香的松木都要特意从外地选购，所以这几年因为松烟香耗费大，市场认可度低，无松烟的小种和金骏眉就已经大受欢迎，很多人家都已经停止做松烟香，只有个别人家还在坚持。

　　可是只有松烟香，才最能代表桐木。它是桐木的历史，是桐木人智慧的结晶。那松脂的气息里能看到桐木的幽谷和高山的马尾松，那高山蜜韵比金骏眉和现代工艺的正山小种来得更加深沉和悠远。这松烟香繁复的工艺里有更多人的温度。

金骏眉茶汤

福鼎白茶

　　福鼎大概是中国大陆知名产茶区里最靠近海的地方了。去福鼎有两种方式，从温州倒动车或者从福州倒动车，我选择的是后者。乘坐飞机离开北京的时候，北京刮起了沙尘，福州落地则是晴空万里。动车驶离福州后，在海边蜿蜒穿行。过山洞后海边的滩涂时不时地出现在右边的车窗外，零星的渔民作业，孤帆点点。在到达福鼎之前会经过霞浦，这是个摄影爱好者喜欢来的地方，夕阳下的渔舟唱晚是霞浦的名片。当然福鼎的海也是别有风味的。福鼎就是如此特殊的存在，一边是山，一边是海。

　　到达福鼎，小伙伴来接我，小伙伴是个 80 后，已为人父。跟很多福鼎的年轻人一样，大学毕业后的他选择在外地工作，白茶火遍大江南北以后，几年前回到这片土地，跟家人一起做茶。到达福鼎的第一感觉是潮湿，海风阵阵的南风天，海雾飘来，晚上湿冷入骨，上了年纪的老人很容易得风湿病，年轻人也不例外。收拾行囊，开车进山，目的地是磻溪。

磻溪是福鼎白茶的生产重镇，森林覆盖率超过 88%，被称作是福鼎的"绿肺"，海拔 1000 米以上的山峦就有 7 座，福鼎的最高山也在这里。我们的根据地就在高海拔的湖林村和高山村。行车经过镇上，停车吃饭，山里雾大，让这里的一切多了一份灰暗的色调，河边的老房子更显古朴和老旧，如果不是亲眼见到，你绝对很难想象这个看起来略显落后的小镇竟然身在外人眼中十分富裕的福建。这里一直是福鼎很重要的产茶区，却因为山高路难，经济发展没有附近的点头、白琳这些镇好，但是也因此保留住了好的生态环境。

白茶是六大茶类中制作工艺相对最简单的品种，鲜叶采摘完毕，重度萎凋而后干燥就好。最原始的做法就是采摘完毕直接晒干。在美食界流传一句话："工艺最简单的东西，最考验食材本身的质量。"这句话放到白茶这里也是十分适用的。若想喝到一杯好的白茶，产区生态环境绝对是第一位的。

开车进山，一路竹林掩映，山雾漫漫。车行到路窄的地方，改换徒步，路的尽头一排木房子的地方，阿姨在远远地迎接我们。这里是小伙伴家的老宅，老宅立在山坡的最高处，守着身后的茶山，他的祖辈们一直在这里生活。顾不上寒暄，进门吵着喝茶，阿姨假装嗔怪我几句，笑嘻嘻地给我取出前几日做好的茶。

我取水备器，烧水的空儿挨个儿端详，白毫银针根根直立，

福鼎白茶——绿雪芽

壮壮的，色白隐绿，是个虎头虎脑的山里娃。高级白牡丹略带初萌叶，那小小叶儿活像鱼雷的尾巴。试 2017 年头采的白毫银针，请茶入瓯，注水出汤。拈起杯盖，轻嗅盖香：盖香略带青草气，尾调透出花甜香气。端起茶杯，汤中茶毫漂浮，轻嗅毫香浓郁。啜茶入口，茶汤醇厚，鲜爽的甘甜顺着青鲜的气息蔓延，口腔立马变得滋润，而山泉水一样的甘甜一直停留。同行的另一个小伙伴儿小声地嘀咕："子一，这明显比之前我喝到的白毫银针好喝很多"，说完毫不客气地自斟自饮。"对，这是高海拔的荒野白毫银针"。对于白茶这类尽可能天然去雕饰的茶品，新茶喝的就是天然的生态气息。这气息的强弱、品饮度的高低，一定与茶的生长环境密不可分。唯有高海拔的白毫银针才能带来这份特有的甘甜温润，唯有荒野的，无人为管理、自然生长多年的茶，才能承载这山野气息，久久不散。

到百年的柚子树下赴一场户外茶会。同样是 2008 年的寿眉和 1992 年的白牡丹，只是一份是在北京跟着我好多年，另一份一直在福鼎。坐定对泡，首先是 2008 年的寿眉散茶，干茶不似白毫银针和白牡丹漂亮，似秋风下的落叶一般。同步注水，一起出汤：我的 2008 年寿眉颜色明显浅淡，两人看着茶汤，相视一笑。闻茶香：他的 2008 年寿眉略显沉稳，我的那份些许活泼。品茶汤：他的 2008 年寿眉厚重里带着低低的药香和枣香，我的 2008 年寿眉茶汤更显清爽，药香和枣香里带着梅子香，而且香

福鼎白茶茶园

气更扬。

　　我取笑他的茶随他，本是少年却有点老气横秋的样子。他笑我，我的茶像我，永远长不大。这两款茶就像从小被分隔两地长大的双胞胎，分开时都是少年轻狂，青涩气里带着十分的张扬，而多年后重逢，虽都已褪了青涩，敛了锐气，收了棱角，但终究不再是相似模样。

　　共品 1992 年的白牡丹。白茶真正的崛起和风靡也就在这十几年里，所以白茶不似普洱能有很多老茶，这号 1992 年的白牡丹已

白毫银针

属十分难得。开始瀹泡，大家不由得正襟危坐。闻干茶香，气息深沉。有位挚友说，这款茶像五代时期的书画，充满了神秘和各种可能性。我说它更像是那位其貌不扬的少林扫地僧，不显山不漏水，一交手才发现深不可测。第一泡出汤，枣香和草药香浓郁，这草药香像极了小时候妈妈给煮的一种草药，熟悉而温暖，这混合的香气凝聚而有穿透力，远远地就能闻到；茶汤愈发稠厚，说不上茶汤里到底有什么，努力探索却探索不到它的边界；滋味不张扬却有一种博大、温暖的力量。一个朋友说喝起来特别像之前妈妈给她熬的桂圆大枣红糖水。

朋友问，你喜欢新的白茶还是老的白茶，我都喜欢。喜欢新白茶清新的面庞，也欣赏老白茶脸上的沧桑；喜欢新白茶的朝气和初生牛犊不怕虎，也喜欢老白茶给的这份沉稳和经过风雨的淡定；喜欢新白茶的鸡血一样的振奋，也喜欢老白茶默默无语的陪伴；喜欢新白茶的单纯，又喜欢老白茶的历经风霜。其实最钟情的还是白茶的这份岁月里的陪伴，在这个时代这是最长情的美好。

岭

南

凤凰单丛是乌龙茶里特殊的存在。品饮凤凰单丛，犹如误入万花丛中，或者面对三千粉黛。

它把乌龙茶的香发挥得淋漓尽致，因此有「茶中香水」的美称。

潮州凤凰单丛

———

凤凰单丛产自广东潮州凤凰山一带，是广东乌龙的代表品种。凤凰单丛是乌龙茶里特殊的存在，它把乌龙茶的香发挥得淋漓尽致，因此有"茶中香水"的美称。品饮凤凰单丛，犹如误入万花丛中，或者面对三千粉黛。

芝兰香：有天然的芝兰花香气，幽雅淡然，香得不争不抢，是在深闺里兀自开放的大家闺秀。

玉兰香：往往让人想起北京的初春，大街小巷的玉兰花次第开放，那时的北京城，是带着玉兰香气的。玉兰香，馥郁中带着点张力，像极了《花样年华》中旗袍下的张曼玉。

黄栀香：纯正的栀子花香仿佛让人回到了端午前南方的城，那个时节，满城都是栀子花的香气，比如苏州。那香气有点任性又有几分妖娆，不由分说地钻进你的鼻孔里，总让我想起秦淮河边满身香气，走起路来，腰肢晃动的女子。

柚花香：闻干茶香时柚花的香气就迎面扑来，那是四月末在福鼎那棵百年柚子树下飘来的香气，那是广西柚子园传来的收获讯息。这香气带着一份朴实、带着金灿灿暖洋洋的色调，是果园里收获季节时抱着柚子跑出来的姑娘，姑娘的脸上红扑扑的充满了阳光。

肉桂香：它不似其他自然花香系的茶一样甜腻，带着中性的微似肉桂的香气，多了几分棱角，多了几分与众不同，若是在古代它一定是那个既可以唧唧复唧唧又可以万里赴戎机、关山度若飞的花木兰。

桂花香、夜来香、杏仁香、银花香、姜花香、蜜兰香……

如果你非要探究凤凰单丛有多少种香型，市面上常见的至少也有几十种。这些香气不似茉莉花茶一样通过反复窨焙而来，而是成品茶自带的天然香气。

凤凰单丛是世世代代凤凰山茶人智慧的结晶，凤凰单丛源于古老的红茵茶，是从凤凰水仙的群体种中定向培育而来的。群体种中茶树异花授粉，偶发变异品种，做出成品茶的香气特殊，凤凰山茶人最初就采用单株采摘、单株制作、定向培育的方式把这一优良品种延续下来的。所以凤凰单丛的独特性，首先应归功于特殊的树种资源以及茶人的智慧创造。

凤凰单丛，七百年宋茶王采摘盛况

　　凤凰山有潮汕屋脊之称，是当地一带山地的最高峰，来自海洋的暖湿气流在这一带聚集，山中多云雾，为茶树的生长和香气成分的形成提供了重要的环境保障。另外，土壤为深厚的岩石风化，含有丰富的矿物质和微量元素，为茶树的生长和代谢提供了重要的物质基础。

　　每年茶季，凤凰山是必去之地。上次去凤凰山，进山时刚下过雨，把车窗打开，任凭大自然的气息冲进来。我似一个刚从笼中获得自由的小鸟，贪婪地嗅着山林里空气的味道：一会儿空气里飘进来一阵野草的气息，隔一会儿山中的花香也来凑热闹，分不清楚到底是栀子花香还是野百合……

　　到达目的地恰逢当天采收鸭屎香，去茶地里跟大伙一起采茶，阿妈心疼地递给我一碗自己煮的凉茶。广东的茶文化里凉茶是一个很重要的组成部分，如果说工夫茶是日子中锦上添花，凉茶就是百姓的日子。

　　山中的天气变化莫测，刚开始还是晴天，一快云过来，暴雨倾盆。随大家躲回家里，在茶叶加工间里，喝茶听雨。那是第一次跟鸭屎香有近距离的接触，那浓郁怡人的金银花香，在加工间里满屋飘荡，钻进鼻子里，沁进每个毛孔里。

　　连夜做茶，单丛香气迷人，可是这份迷人有时候也是可遇不可求的，遇上茶季雨水多，这香气无论多高超的制茶师傅都无法唤出。从晒青开始每个工艺步骤都需要恰到好处，少一分不够，多一

凤凰单丛的潮州工夫茶泡法

分太过。所以整个茶季，师父们基本是夜夜不眠的状况。一夜未睡，干脆早晨再到乌崬山顶看云海，乌崬山海拔 1391 米，是凤凰山的第二大高山，一年之中大部分时间高海拔地带都隐在云雾中。云雾飘来飘去，似仙女的纱裙，又似一群捉迷藏的孩子。喝茶等待云雾散，乌崬山上的乌崬村、李仔坪和大庵村保留了近百棵古茶树，这些古茶树是凤凰单丛的活化石以及重要的种质资源宝库。其中最著名的一棵要属宋种。

宋种，生长在海拔 1150 米的乌崬管区李仔坪村的茶园里，树龄有 700 年，它是凤凰山知名度最高的灵魂性茶树。这株茶树种奇、香异、树老，所以有很多的名字和故事。一路来它名字、身份的变迁就是一部浓缩版的凤凰茶史。相传它是南宋末年村民李氏经选育后流传至今的，故名宋种或者宋茶；它的叶型与同类茶树相比叶形椭圆而阔大，又称"大叶香"；1946 年，凤凰有一侨商在越南开茶行出售此单丛茶时，以生长环境和稀有的香型特点取名"岩上珍"；1956 年，经乌崬村生产合作社精工炒制后仔细品尝，悟出黄栀花香故更名为"黄栀香"；1958 年，凤凰公社制茶四大能手带该茶前往福建武夷山交流，曾用名"宋种单丛茶"；1959 年，"大跃进"时期为李仔坪村民兵连高产实验茶，称为"丰产茶"；1969 年春，应"文革"风改成"东方红"；1980 年，农村生产体制改革时，此茶树落实村民文振南管理，恢复为宋茶；1990 年，因它树龄高、产量高、经济效益高，而为世人美称为"老茶王"。

凤凰单丛采摘

然后如此辉煌的一棵树，去年来时仅有一枝存活着，今年又来，它已经死去。关于它的离开，有人说是自然老去，有人说是管理不当，有人说是过度采摘，当然，更多的是唏嘘不已。

到熟悉的人家打招呼，朴实的乡间人总是热情地招待吃饭。那一天吃了三顿午饭，一顿就着电视机播放的潮剧，一顿望着门口的大桂花树，另一顿在茶桌上。行走于潮州的大街小巷，你总会在某个不经意的回头间看到人们在街头支起一张简易的小茶桌，细细地呷上一口茶。一把朱泥壶或者一个盖碗，再加上三个半卵型的品茗杯就构成了潮汕工夫茶的基本框架，这也是凤凰单丛另一种形式的存在。它借由潮汕工夫茶可以极其讲究，孟臣壶、橄榄炭，关公

手工摇青（潮州单丛茶制作技艺传承人文国伟老师）

巡城、韩信点兵地登大雅堂，也可以街头巷尾地绽放在普通老百姓的生活里。潮州是属于市民的，你看傍晚的老街上、韩江边，人们散步、聊天、怡然自得。这里的人们活得恬淡，家门口一个小门脸儿，卖个砂锅粥自给自足。而在潮州凤凰单丛界，活得最淡然的要属黄柏梓先生。

说起凤凰单丛的传播，不得不提黄柏梓先生，对于这位老人的赞誉，有人说他是凤凰单丛界的泰斗，有人说他是凤凰单丛界的教父，他获过荣誉无数：世界文化名人、感动中国文化人物、感动世界文化人物……这些荣誉证书和奖杯在阁楼上满满的一个屋子。凤凰镇上、山上的人没有一个人不认识他、不尊重他。他是推广凤凰山茶文化的第一人，他几十年走在凤凰山的角角落落、对每一片土地、每一棵古茶树都了如指掌，有人叫他"凤凰通"，也有人叫他"守山人"。

未见老人时，很多人会想这么有名气的人，大概应该是住在市区的高屋阔宅里，实际却不是，黄老仍然住在凤凰山上的老宅里，从潮州市里开车过去需得近两个小时。老人的老宅在蓝天白云下，卧在青山绿地中，倒是像极了绿海中的小岛。虽在村里，略显简陋，却被收拾得井井有条、一尘不染。老人热情开朗，远远地迎接我。老人说前两日刚从外地回来，近 80 岁的人仍然奔走在各地公益地为凤凰茶的传播尽自己的力量。

若是你见到黄老，问黄老的年纪，他一准告诉你他已经忘了，然后再告诉你"我不在意年纪这事儿，我只是要过好每一天，把该做的事儿做好"。黄老的孙子说，黄老仍然保持着年轻时候的作息，每天很早就起来看书写字。黄家的儿孙也跟凤凰山的其他人一样每年都收茶做茶，但是他们都不怎么说话，很少主动提及自己是黄柏梓的什么人，只是默默地做茶卖茶。与他们接触没有天花乱坠、没有遮遮掩掩，只有信任和一泡好茶。抛开其他，这一份朴实和真诚已实属难得。

梧州六堡茶

　　若是真的想了解一款茶，只是知道它的名字、看看相关的文字介绍是远远不够的，需得找来正宗的喝喝看，最好再去它的主产区和主要消费地走走，看看是怎样的一方山水孕育了这样一款茶，又是什么原因让主要消费地的人群喜欢它。这样这款茶就活脱脱、有血有肉地站在了你面前。"纸上得来终觉浅，绝知此事要躬行"对于茶也是十分适用的。

　　第一次喝到六堡茶时，觉得它有点特殊，朋友从放在一侧的大竹篮里取出一泡的茶量，略带神秘地说"来，请你喝喝老茶"。从沸水接触到茶的那一刻一股参香和沉香的香气立即随着氤氲的水汽飘上来，猛的一闻，觉得跟普洱熟茶有些近似，难道是朋友知我爱喝普洱，特意为我寻了老熟普？不禁稍微正了正身，生怕辜负了朋友又辜负了这款茶。

朋友拿出给我准备的专用杯，烫过以后放我跟前说"老青花与老茶是绝配哟"。分茶入杯，我小心地端起杯子细嗅茶香：这香气怎么缺了那份沉稳，反而有些高扬？这香气少了那份浓厚，怎么多了一丝清新？刚才看干茶原料并不那么细嫩，如何表现如此呢？带着几分疑惑，轻啜茶汤：入口茶汤饱满稠厚，不禁心中喜悦，最喜欢老茶的茶汤，这种圆熟的汤感总会给人十分的满足感。

细品茶汤：茶汤的参香和沉香里带着淡雅的甜，这样的甜跟茶汤比起来略显单薄，找不到老熟普那汤味一体的醇厚感，惊艳之处是茶汤咽下后满口的清凉。再试第三泡参香和沉香较第一泡衰减很多，但是那汤、那甜、那凉一直都在。

"这貌似不是云南是老普洱吧？"我问，朋友哈哈大笑说"本想蒙你一下的，对，这是广西的六堡茶"，六堡茶就这样出现在了我的世界里。后来才知道广西六堡茶产自广西的梧州，从清代到抗战前在广东、香港和南洋地区极为流行。这些年随着普洱茶的兴盛，六堡茶也逐渐在市场上活跃起来。后来尽管了解它的制作工艺和传承，总觉得跟它之间隔着一层面纱，于是索性收拾行囊亲自去产地走一圈。

乘飞机到广州以后转高铁到梧州。梧州位于广西的最东面，紧邻广东。行走在梧州，更多的是惊艳。梧州跟广西其他地区不一样的是这里的人竟然说着跟广州几乎一模一样的粤语，是个十足的粤文化圈。走在街上，人们之间说的是粤语、哼的是粤语歌、小卖部阿姨的小电视里放的是粤曲，茶楼里有跟广州一模一样的粤菜，还有比广州保存更多、更完整的骑楼。曾经去广州寻觅数次而未得到老广州，在梧州却完整呈现了。若是早起在街头，也能够赶上地道的"叹茶"，这里的早茶文化与广州一样地道却比广州来得更悠闲：老百姓们或是刚晨练完从公园出来，或者拿着两张报纸一起约着，如此喝茶、吃早点、谈点家常就是一上午。

　　骑楼是 19 世纪开始流行在我国通商口岸的商业建筑，这种来自地中海、南欧的建筑形式，那时在中国开了花。梧州这里有目前国内保存最多的骑楼，现存的骑楼街道有 22 条，骑楼建筑有 560

传统篓装六堡茶

幢，这些都是汕头与海口无法比的，而广州经过多年的拆修，也难以寻觅大片的骑楼群了。无论是白天行走在骑楼下的走廊或者华灯初上时远远望着它们，都可以通过这些骑楼窥见这座城市曾经的商业繁盛。

以上这一切要归功于梧州特殊而重要的地理位置：梧州所在的地方，是浔江、西江、桂江三江交汇处，溯浔江可达南宁，逆桂江则到桂林，顺西江而下则可到广州，与粤、港、澳一水相连。自先秦以来，梧州就是岭南重镇，掌握着水路咽喉，在过去以船运为主要交通方式的两千年里，梧州凭借着河流的交通优势经济一直非常

用壶焖泡六堡茶是一个很常见的饮法

发达，南来北往的商人聚集于此，形成了繁华的集市。自明清以来这里更是成为繁华了百年的商埠，民国时，广西80%的税收都来自梧州，那时，梧州就有了"小香港"之称，当时广西主要的政府机构、大学、银行都集中在这里。

正因为梧州有这样的地理优势，六堡茶才在广东地区行销通畅，并以此辐射港、澳，运至南洋地区。也一下子明白了为何当年在六堡合口街设庄经营六堡茶的老茶庄和老茶号都是来自广东、香港的茶商了。

六堡茶的初兴始自清中期，那时候茶政放宽，人们经营的积极性增加，再加上政府关闭了福建、浙江、江苏三个通商口岸，只留广州一个通商口岸，这样的天时地利人和，使那个时期六堡茶的输出大幅增加。六堡茶的鼎盛阶段是从清中后期到抗战开始的1937年。清中后期中国社会动荡不安、盗匪横行，为躲避乱世，南方很多地区的人在同乡亲友的影响下，纷纷背井离乡、远涉南洋，这次人口迁徙被广东人称为"落南洋"。这些远赴重洋的中国人带去了中华民族悠久的传统和饮茶文化，影响和带动当地人民开始饮茶。后来随着东南亚地区采矿业特别是锡矿的发展，有更多的华人来到东南亚地区，从事矿产开采和冶炼。初到南洋，因为水土不服，很多人出现了身体不适，广府人想起在家乡时饮六堡茶可以去暑去湿、调理肠胃、治病驱痢，所以试着用六堡茶来解决这一状况，结果水土不服之症大大缓解，很多矿工和工厂老板，就大量采购六堡茶以备不时之需，渐渐变成了每天必需。

　　行走六堡地区，到一户农家，问阿婆家里可有六堡茶。阿婆转身从屋里拿出几样，示意姑娘泡给我们喝。看到茶的时候我一再跟姑娘确认"这是六堡茶么？"姑娘的回答得特别干脆而肯定。阿婆家的六堡茶干茶颜色闪着青色，不似市场上六堡茶大都是红褐的模样。后来行走一圈后才知道六堡茶虽然不像普洱茶一样分生熟，但是大体也是有两种制作工艺：一种是被当地人称为古法传统工艺；一种是现代工艺（类似普洱熟茶的渥堆发酵）。前者汤色浅淡、带着一丝活泼，后者茶汤红浓、带着一丝沉稳。前者农家就可以自行生产，后者以大厂生产为主。

　　带我参观当地茶厂时，当地的六堡茶专家不无骄傲地告诉我：为了满足外销出口需要，1958 年，六堡茶就创新出了渥堆发酵，大大早于普洱茶渥堆工艺的诞生。问及目前六堡茶的生产状况，"说到真正的复兴是从 2002 年开始吧，随着普洱茶的兴起，人们对六堡茶这个历史名茶也开始重新认识，六堡茶迎来了新的发展契机"，更多的企业和个人重新回归六堡茶的生产、制作和经营，政府也开始大力扶持和推动。

　　在梧州的最后一站，站在望江楼，看桂江和西江在这里合流成鸳鸯江。当年，江面上一定是船只穿行，好不热闹，那船上一定装着许多的六堡茶。如今的六堡茶大都是通过陆路运出梧州，交通比以前更便捷，也愿六堡茶能重现往日辉煌。

江
浙

龙井的灵魂在西子湖的一汪碧水里。

这一汪碧水承载着水波潋滟晴方好，承载着接天莲叶无穷碧，承载着淡妆浓抹总相宜。

西湖龙井

　　"提起绿茶，你会想到什么？"有一节绿茶课时，我问大家。有些同学说清淡，有些说去火，有些说春天，好几个同学说西湖龙井。

　　论知名度，西湖龙井可谓是目前绿茶市场上当之无愧的魁首。它声名远播，春天一到，举国上下都翘首以盼。业界的朋友们也都盯着产区，时不时地问：天气怎样？开采没有？茶发芽到什么情况了？

　　而它总是按照自己的节奏，不慌不忙，略有姗姗来迟之意。那些等不及的，或者想抢占先机的，有甚者明明核心产区的茶芽才刚萌出不久，市面上已经有大量的明前西湖龙井开卖，令人哭笑不得。那些早熟地区的或者早熟品种的其他茶叶，故意涂脂抹粉化妆成它的样子、企图冒充它，而只要擦着它的边儿，就能卖个好价钱。所以要想喝到正宗的西湖龙井，定是不能心急的。

西湖龙井 43 号

西湖龙井辉锅

有位爱喝西湖龙井的朋友，从工作起就开始买龙井喝龙井，一喝三十几年。最近几年，他老抱怨在市场上已经找不到龙井之前的味儿了。新喝茶的同学说不知道为什么当年"夏喝龙井、冬喝普洱"是皇家贵族身份地位的象征。这大概就是西湖龙井盛名之下有阴影的地方吧。

且不说广种在浙江以及周围省市的龙井，如果有一天，你来到西湖龙井的核心产区，无论是春夏秋冬，街上总会有人各种拉客和兜售"要不要买茶，我家有龙井"，大夏天也有人支一口锅号称"现炒现卖"。若是你以为来到核心产区，这回总可以买到正宗的

西湖龙井采摘

西湖龙井了，那就太天真了。每年春茶下来，全国的各路茶商们已早预订好，真正能留给游客散售的部分真的是少之又少。有些人家明明只产 100 斤成品茶，可是一年下来能卖出 1000 斤去。

龙井核心产区有一部分已经变成市民休闲娱乐的后花园，周末来山里，吃吃饭，住住农家乐，或者沿着九溪溜达一下。那些本该远离烟火气的茶树，有一些就在公路边、马路旁、房前屋后无精打采，这样的茶树制成的茶是无法诠释龙井的灵魂的。

龙井的灵魂在北宋辩才法师和苏东坡的秉烛长谈里，辩才法师是龙井的开山始祖，当年在狮峰山开山种茶，把仙草种在了西子湖

西湖龙井采摘

畔。有多少人寻路而来，希望在一杯清茶里与辩才法师把盏问禅，当年贬谪杭州的苏东坡，就是其中一位。这一见面定是知味之人的相遇，水添数次，茶点数碗，在交流里有山水、书画、禅机，当然更离不开茶。只记得相谈甚欢，不由得天色已晚，执手相送，不觉已远，那法师不远送的界限，早已忘在脑后，成为千古美谈。

龙井的灵魂在相对矗立的雷峰塔和保俶塔里。你不见龙井扁平光滑的外形活脱脱的就是个宝塔。有人说雷峰塔如老衲，保俶塔如女子，这两座宝塔从北宋开始历经各种变迁，而无论如何改变都离不开爱的主线。它们因爱而建，雷峰塔是因为王爱妃，保俶塔是因为民爱王。雷峰塔下许仙和白娘子的爱情，忠贞不渝、荡气回肠、感天动地。两塔一次次地反复修建，寄托了历代人们对美好的企盼。

龙井的灵魂在西子湖的一汪碧水里。这一汪碧水承载着"水波潋滟晴方好"，承载着"接天莲叶无穷碧"，承载着"淡妆浓抹总相宜"。这一汪碧水，留下过大文豪白居易、苏东坡的身影，见过南宋的歌舞不休，苏小小的爱情，林和靖的梅妻鹤子，以及梁山伯与祝英台的难舍难离。

龙井的灵魂在浙江博物馆里。从良渚文化，到越窑的千峰翠色来，再到南宋官窑的粉青、梅子青。这片土地承载了优秀的文化，特别是南宋时期，作为都城的杭州，聚集了众多文人雅士、能工巧匠。

所以一泡正宗的西湖龙井，干茶扁平光滑似剑片状，这剑片是一路走来的历史烽烟，是起起落落的朝代变迁，是金戈铁马后的太平。它把深厚的积淀写在身上，那边缘的糙米黄不似普通绿茶般青翠，却仿佛带我们穿越时光。

温杯润茶，漫山的浩然春气迎面扑来，这香气不温婉、不甜腻，不似江南女子般温婉，却有着皇家的霸气，更像是带着满身的正气，一如怒发冲冠的岳王高唱着《满江红》，又似开一带词风的苏东坡面对着苏堤高唱"大江东去"。

注水至杯七分满，茶叶逐渐苏醒、舒展在杯中，活脱脱一个个雄姿英发的仗剑少年。啜一口，浩然之气从口腔里冲到鼻腔，而后充满整个心胸。那个有着马背上得天下的民族血统、擅长骑射的乾隆爷喝到的时候一定是从椅子上蹦起，像注射一针兴奋剂般的连道好茶。这萦绕的蓬勃朝气，催得不是老夫的老夫也发了少年狂。

这样的一杯好的西湖龙井茶，一定不是乌牛早等品种可以给的、也不是秀美的 43 号可以比拟的，一定是似胡公庙前十八棵御树般的老龙井才能有的。这些老龙井群体种，散生着代代自然繁衍。这样的一杯好茶，也一定不是房前屋后花园、蔬菜般的茶树能给的，一定是出自那些在远离人烟的地方、自然吸收天地精华的茶树。这样的一杯好茶，定不是机器能做出来的，一定是用岁月磨砺出的厚实手掌，经翻抖搭按道道工序做出来的，掌心的温度才能孕育出有灵魂的好茶。

西湖龙井群体种干茶（老茶篷）

　　若是得这样一杯西湖龙井，藏于西子湖畔，隐于风敲竹的光影下，新汲的虎跑泉水初沸，有知味之人对坐，你定会觉得西湖龙井真的配得上所有赞誉。

苏州碧螺春

时下里，人们的口味似乎越来越重，从横扫大江南北、长城内外的川菜中略可窥见一斑。从麻辣烫、麻小到麻辣火锅，大家在大麻大辣、重油重盐里寻找味觉的刺激。这是一个味觉钝化对品饮绿茶不利的大时代，经常有人问我："老师，绿茶那么清淡，我们到底喝的是什么？"品饮绿茶，喝的是江南春天万物初萌的气息呀。

碧螺春的干茶，娇嫩着、羞涩着、卷曲着，像极了初萌的豌豆尖或者南瓜尖儿，略带害羞和好奇的打量着这个世界。你看，碧螺春干茶，满披茸毛的状态，特别像刚长成形的小黄瓜，娇嫩得让人忍不住去呵护。

正是这份初萌的娇嫩，让大嗓门的人对待它都似对待婴儿般小心翼翼，连水温和冲泡的方式都有别其他茶。水温不能再是滚烫的沸水，而是把开水略略放凉，到 75 度到 85 度的时候，轻轻把干茶拨入水中。干茶入水的瞬间，茶宝宝们像极了夏天河边玩耍的孩童，争先恐后地跳入水中，在水中转圈儿，慢慢地起舞。等水面安静的时候，端起玻璃杯轻嗅茶香：馥郁的花果香混着毫香和远远山边草地的气息蒸腾上来。

于是懂了，为什么它在叫碧螺春之前叫"吓煞人香"。若不是知道答案，这一份馥郁的香气很难想象是来自绿茶，更不会想到它竟然会长得如此娇嫩。茶汤远淡中飘着一层薄薄的朦胧，是半遮面的琵琶，又似姑娘脸上的薄纱，你若是望而却步就错失了世上独一无二的美好。有时候我在想，碧螺春定是个古灵精怪的待嫁的姑娘，它出这一招，是故意在试探到底谁是那位有情郎。而这茶汤里薄薄的朦胧是满满的氨基酸，它以茸毛的状态存在，漂浮在茶汤里。

轻呷一口，茶汤柔软得似姑苏女子的轻言软语。花香绕着果香，果香里缠绵着春天的气息，瞬间充盈口腔。这香气伴着淡淡的甜，不浓烈却足以沁人心脾，不火热却久久不去。

你若想真的读懂碧螺春，除了这样的一亲芳泽以外还需要了解它的前世今生。它出生在江南苏州的吴中区，它的前世名叫水月茶，虽没有今日这般倾国倾城，但在明代已经芳名在外。到了清代，不知怎的变成了还珠格格般流落人间的"吓煞人香"，幸而康熙爷到苏州见到它以后，被它深深吸引，于是赐名碧螺春。从那以后它开始变成绿茶里知名的大美人，并风靡至今，不知引得多少人

碧螺春春蕊

用盖碗冲泡的碧螺春的茶汤

碧螺春的采摘

慕名拜访，拜倒在它的石榴裙下。

　　跟其他产区的绿茶不同，碧螺春生长的东西洞庭山是长在太湖边的"仙山"，在跨湖公路没有修完之前，西山完全是湖中遗世独立的山岛。所以碧螺春才会有那份淡淡的高远：脚步轻轻的，衣色素素的，眉眼淡淡的，妆容浅浅的，那如水的双眸子里满满地盛着太湖的烟波浩渺。

　　而这并不是它的全部，它脚下的土地叫江南、是苏州。这江南是属于青衣布衫的，这江南是属于低眉吟唱的昆曲的，这江南是属于小桥流水的，这江南是属于胸中满是诗词的文人的，这江南是属于雅秀极致的园林的。而这些气质都属于碧螺春。

　　人说自古名花苦幽独，若是太高远，容易曲高和寡。聪明的碧螺春用接地气的方式诠释自己，好让大家触手可及。你看那馥郁的花果香气不用踏破铁鞋、不用众里寻它，只要心在当下，便能轻易捕捉。这花果香从何而来？东西山可是有名的花果山。几百年来，这里的茶树就一直跟花果树混生在一起。四五月份枇杷熟了、栀子花开了，石榴花开后杨梅又熟了；入秋白果、板栗熟了，桂花儿开后橘子又红了……

　　它为何如此娇嫩、纤细？明前的碧螺春，芽头有细密的茸毛，轻轻采下幼嫩一芽一叶，为保证茶叶的鲜灵，必须第一时间送回家。优质的碧螺春制茶环节全部手工炒制，鲜叶分成小锅，一锅鲜叶大概一斤半，制成成品不足三两，必须是特别熟悉碧螺春的炒茶

碧螺春手工杀青

碧螺春采茶

师傅才能掌握好手法的轻重、时间的长短配合。你看制茶师傅像是打太极一样的行云流水，茶叶在师傅手中慢慢变得温顺服帖，最后的几分钟师傅轻轻拭头上汗的时候，锅中的茶叶白毫开始显现。整个过程需要至少半个小时，而做这样一斤干茶，大概需要六万个芽头。

所以这杯碧螺春里，我还能喝到太湖的远山近水、苏州文人诗意的江南，东西山的花果飘香，采茶人的辛勤，制茶师父的精湛手艺。

四川

我有我的花香，你有你的茶味，彼此不抢不夺。

茶与花的相配也是大学问，

四川花茶

　　入蜀之时，大地春寒料峭、乍暖还寒。在北方待得久了，一下飞机，就被迎面的风吹了个透心凉。风是湿寒的，但奇怪的是，这寒意里却夹杂着丝丝柔和，恰似脾气火暴的川妹子忽然间对你莞尔一笑，让你摸不清它真正的脾性。鼻子里吸入的空气湿湿凉凉的，不似北方的粗糙浓烈。蜀国的早春是软浓湿滑的。

　　第一站是成都，我特意住在青羊区附近的酒店，为的是吃完成都小吃，走着就能到杜甫草堂。

　　冯至先生曾说："人们提到杜甫，尽可以忽略他的生地和死地，却总忘不了成都草堂。"作为唐朝才华横溢却一生颠沛流离的诗人，杜甫草堂可算是承载了他为数不多比较安逸稳定的时光。

　　沿着浣花溪漫步，想象千年之前，我脚下的土地，杜甫曾踏过，我目之所及的溪水，杜甫也曾在此凝望。我和他的所见所想，是否会有某些重叠？这样恍惚想着，不知不觉已走到杜甫草堂的

门口。门上赫然一块匾额书"草堂"两个大字。匾额由清康熙帝十七子、雍正皇帝的弟弟果亲王允礼所书。

入草堂寺的山门，虽然人声鼎沸，但仍能找到很多幽雅静谧的角落供你静静遐想。路旁有几人高的修竹，竹影婆娑，有风穿过便沙沙作响。古柏处处，它们无声地见证数千年的沧海桑田。小桥流水，碧潭幽静，突兀的，眼前出现了成片的梅树。快步走近，心中赞叹万分。鹅黄的腊梅花层层叠叠，千树万树，就这么不期然闯进眼帘、刻进心底。蜡梅的香一丝一缕地萦绕鼻尖、裹满全身，这香气不浓烈，却连绵不绝。蜡梅，名为梅，却非梅科，而是蔷薇科。所以乍一看会觉得它似花毛茛，层层叠叠，好不热闹。它们就这样一簇簇、一朵朵地争相开放，满身的活泼可爱，根本无视倒春寒。最特别的是它的香气，冷冷的，淡淡的，如果初春有香气，一定是蜡梅香，挺秀色于冰涂，历贞心于寒道，从极寒里生出，送生机于早春。

目光之余，旁边的亭子里，有一个姑娘着汉服正在悠悠地泡茶。职业病突发，赶忙跑去，立在一旁看她泡茶。姑娘看着我微微一笑，说："坐下喝杯茶嘛。"我欣然落座，热水浇在湿泡台上，蒸腾起的热气带着阵阵暖意，让人瞬间温暖许多。

她轻轻地挪开盖碗的盖子，倾入一袋绿茶，烧水，等待。水咕噜咕噜地沸腾，水止沸之后她执壶，轻轻地注水，茶叶在盖碗里轻轻地翻滚。落盖，温柔地出汤入公道杯，然后给我们分杯倒茶。小

在四川，最常见的花茶是茉莉花茶

心拾起茶杯，茶汤颜色清淡，凑近细闻，香气却似曾相识，是的，是刚闻到的腊梅花香！喝进嘴里，有绿茶的清香混着腊梅的冷香，滋味甚是动人。我仍是问了问："这是什么茶？"姑娘答："是蜡梅花茶，我们前几天采的蜡梅，自己手工制作的，味道是不是很好？"

我只知四川有茉莉花茶，却不知这蜀地竟然还有这样一种再加工茶，与姑娘对坐，探讨腊梅花茶的制作工艺，她慢条斯理地说起蜡梅花茶的制作：茶叶选用明前的头春茶，在制作腊梅花茶之前先干燥一下，然后在竹篮里一层茶一层花地均匀铺好，静置几个小时，让茶慢慢地吸收花的香气，最后茶花分离，茶去烘干，如是三次。

再饮这杯腊梅花茶。单纯的绿茶喝到的是蜀地春天里万物初萌时山川里飘荡的草木气息，清新单纯，宛若豆蔻年华情窦未开的少女。做成花茶以后的它，多了几分颜色，多了几分举手投足间的动人。这时候的它更像是那个女孩到了及笄之年，长发松松挽起，侧边轻轻插上步摇，学会了当窗理云鬓，开始了对镜贴花黄。但是那份单纯和青涩并未完全脱去，仍然是未经世事的模样。与凤凰单丛的成熟女子气息不同，花茶的这份含苞待放、将开未开的美好，别样迷人。

"为什么选择腊梅花呢？"我问，姑娘说："我们每年腊梅花季都会做一些，我们当地人还会把腊梅花当作食材入菜，不仅为食物增添了独特的香气，而且还加入了药用价值。"

　　细细想来，这种以当季之花来制作花茶的习俗由来已久，最初的阶段是花与茶一起烹煮，到南宋时花茶的制作开始出现。陈景沂在《全芳备祖》中说："茉莉烹茶及熏茶，尤香。"施岳在《步月·茉莉》中说："玩芳味春焙旋熏。"元代时文献记录中出现了莲花茶，顾元庆在《云林遗事》中记载："就池沼中择取莲花蕊略破者，以手指拨开，入茶满其中，用麻绳，经一宿，明早连花摘之，取茶纸包晒，如此三次，锡罐盛扎，以收藏。"到明代，花茶的制作日臻成熟，也慢慢开始兴盛，可以用作花茶制作的花也越来

讲究的茉莉花茶，干茶和茶汤里见茶不见花

越多。顾元庆在《茶谱》如下记载："木樨，茉莉，玫瑰，蔷薇，兰蕙，菊花，栀子，木香，梅花，皆可作茶"。此后花茶的商品经济时代到来，特别是清代雍正时期，茉莉花茶开始作为主要的花茶品种，行销北方市场。

茶与花的相配也是大学问，我有我的花香，你有你的茶味，彼此不抢不夺。我用我的花香补你的不足，你的茶味为我的花香搭建了落地的舞台；若没有你的茶味，我的花香总显得缥缈，若没我的花香，你的茶味又略显平淡无奇；你是武，我就是文。这分明是一对事业的好搭档或者是生活上的好伴侣。

姑娘为我添茶，说起茉莉花茶，总觉得它像个邻家十六七岁的小姑娘，充满活力和热情，而此刻的腊梅茶，略带一些高洁孤傲。也许是因为茉莉花茶开在阳光普照、春回大地之后，而这腊梅花则是来自寒冬，却带来春的消息吧。同样的茶，因了花的不同、有了不同的模样，谁说同伴不重要呢？

老一辈的成都人经常喝的花茶是一种叫"炒三花"的茉莉花茶，与窨焙工艺不同，炒花茶在制作之前摘去花蒂，一层花一层茶的铺好窨制四五个小时后，便开始炒花并干燥，花茶干燥以后茶花不分离，留朵朵茉莉花瓣在茶中。这样的茉莉花茶盛开在大瓷杯里，在麻将桌前，在蜀地军民的巴适里。

1993 年，徐金华借鉴炒花茶和窨焙工艺，创制出新的茉莉花茶品种——碧潭飘雪，异军突起顿时火遍大江南北。干茶中露出点点茉莉花，似蜀锦上飘落的梨花。泡开后，茶叶舒展在一汪碧水中，白的茉莉花轻盈地飘浮着，似富士山脚下飘落的樱花。举杯闻香，茉莉花香纯正，比普通炒花茶更馥郁鲜灵；茶汤入口，茶汤醇厚，绿茶的清香和茉莉花茶紧紧缠绵，充满口腔，久久不散。这一定是深深的爱恋，分不出你我，花香深深窨到了绿茶的骨髓里。

姑娘看我感兴趣，又补充道："其实我们这花茶还不止这两种，我们也一直在尝试各种新的搭配。"印象中花茶应该是一种诗意、浪漫的存在，若是偷懒之人万万想不出这奇妙的方式，可以让茶增添这么多曼妙。若是换作他处，定不会有这闲情逸致，只有在这天府之国，在这花重锦官城的地方，才能放慢脚步，才有人认认真真地研究怎么让这满大街的茶日子过得更别样、更有意思、更出彩。饮尽杯中茶，举目四望，遥想当年，这样的早春，在草堂里，当年的杜工部可曾也在梅树下饮上一杯茶，如我一样感叹蜀地之美，抑或是背着手，站在风中怀念生于这片土地上的诗仙李白呢。

湖北

初闻茶汤香气，无龙井的霸气，无碧螺春浓郁的花果香，只有绿茶特有清幽茶香，这茶香里只有小山小丘的气息。

黄州英山云雾

　　我说"走，去黄冈"，友问"黄冈？去看黄冈中学么？"黄冈在我们这一代的记忆中是跟高考有关系的，考前的各种题海中绕不过的是黄冈的题库。"不，去寻找苏东坡，去不去，半小时后到你家楼下接你。"

　　我与他的相遇相知，缘起于茶，深系于苏东坡。苏东坡是我们两个的最爱，他的微信签名一直是东坡《定风波》中的那句"一蓑烟雨任平生"，《东坡乐府笺》是他每次出差行囊中的必备。有一次飞机延误，他在候机室里看了 11 个小时的苏东坡，问他安否，他笑呵呵地回答"有东坡陪我"。在他家楼下等他，他气喘吁吁地从楼上跑下来，把行李放在后备厢里，"这可真是说走就走的旅行了"，他一边上车一边说，"不过为了苏东坡，值了"，他是个喜欢把事儿提前一周计划好的人，这样的说走就走，在他的世界里确实不常有。

行至黄州，由于行政区划的变迁今天的黄州已与宋时不同，现在的黄州是黄冈市的黄州区，可喜的是当年东坡生活的痕迹都在如今的黄州区，当年吟诵"大江东去"的赤壁现在已经变成了一个小的旅游景点。

这片赭红色的崖壁下，苏东坡曾跟友人趁着清风明月喝酒吟唱《赤壁赋》，也曾听箫高歌"大江东去，浪淘尽，千古风流人物"。水波不兴时的长江水轻轻亲吻崖壁，那一弯穿越古今的月亮照他们到东方既白。如今苏东坡在时空里变成了永恒，而这方崖壁历经沧海桑田后变了模样。如今的东坡赤壁因为长江几百年的滩涂淤积距离长江已经有接近 1 公里，崖壁 20 米左右，站在那儿就像站在一个内陆小湖边。朋友静默道："若是东坡先生看到如今这般，会做何感想？"

寻东坡先生旧时踪迹，问当地学者可否能寻到旧时的定慧院，可有那株唯有名花苦幽独的海棠花，东坡先生那么爱海棠，"只恐夜深花睡去，故烧高烛照红妆"。根据指引来到定慧院附近，这里已没有清幽的古刹，唯有树立在旧址上的小区，还有安居乐业的居民。那块城边上被苏轼命名为东坡并以此为自己字的空地，也难寻踪迹，当地学者说应该在黄州中学和黄州日报社之间。

找寻半天不得，拐到路边小馆里填饱肚子。翻开菜单竟然有

东坡肉和东坡饼。跟老板闲聊，老板说附近的遗爱湖公园，现在已经开发成了一个东坡文化主题公园，虽是新建但是可以去看看。老板笑眯眯地给我们端上茶水，初闻茶汤香气，无龙井的霸气，无碧螺春浓郁的花果香，只有绿茶特有清幽茶香，这茶香里只有小山小丘的气息。朋友笑说："彼时东坡先生于东坡处种的茶应该是这个气息吧。"茶汤入口沁人心脾的甜润，这甜润中带着一份丘陵的宁静，也带着一种坦然的平和。"就当此时跟东坡先生对坐，在雪堂中喝这一杯云淡风轻的茶吧。"朋友自言自语。"你不觉得这杯茶，倒有点像黄州后期的东坡先生么？"我说，黄州之前的苏轼是意气风发的、顺风顺水的，他年纪轻轻高中进士，才华横溢冠京华，黄州前的东坡先生是带着骄傲、略带着张扬和不屑的，在徐州也曾对太守出言不逊，说话、写文章从不考虑后果。初时被贬黄州，也曾黯淡"缥缈孤鸿影""寂寞沙洲冷"，但是很快他就完成了自我蜕变，成了苏东坡，一身素衣与农民乞儿为乐，活得潇潇洒洒、有滋有味，可以因一朵海棠花开兴奋半天，也可以在江边明月下满心豁达和欢喜。这时候的他是坦然寂静、怡然自得，是"也无风雨也无晴"的。

　　老板给我们上菜，我问："老板，您这茶是什么茶，有名字么？"老板爽朗地回答："这是咱们黄冈的茶，老家的山上都是，到季节我们就采一些自己喝，名字倒是没什么名字，咱们黄冈这儿有个英山云雾，碰到实在要问名字，我们就都跟大家说是英山云雾，你们回北京的路上可以绕过去看看，然后从 G35 北上，很方便的。"

辞别老板，驱车上沪鄂公路，越往东行驶山丘越多，小山丘在公路两边连绵不断，那个时节翠绿一片。刚开始偶然在路边的山丘上看到几片茶树，一会儿就是层层茶山相连，这是个八分山一分水一分田的地方，行车一个半小时左右就能到达英山县。英山县属于大别山山脉的南麓，整个境内从大别山主峰海拔 1700 多米的地方向西南延伸下降，这是个不折不扣的山区，山区里不仅仅有茶，还生产药材。从英山县向北翻过山去就是安徽的霍山和六安，宋时起英山属于六安州，民国时期一度属于安徽地区，后来才属于黄冈市。"这合着是安徽的姑娘，黄冈的媳妇儿。"朋友笑着说。

路边有人采茶，停车驻足与人攀谈。"大哥，您采这芽头，是做什么茶？""我们能做碧螺春，也能做金骏眉，你想要什么就是什么，每年外面商人来拉走好多呢。"大哥骄傲地回答，跟我们说话的时候手仍然在茶间飞快地起落，一起一落间树梢上幼嫩的芽头，就轻轻地着落到背篓里。这大概是广大不知名茶区的普遍状况，自身品牌知名度低，最后只能为他人作嫁裳。细端详茶树，灌木中小叶品种，倒是做绿茶和红茶的好品种。远处几片茶地中杂草丛生，貌似荒了很久的样子，大哥叹息地说："茶叶不值钱，年轻一辈都出门打工了，很多茶地儿就这么荒着了，不过我们这边的茶好喝哩，走，到我家喝杯茶吧。"

英山云雾鲜叶

英山云雾采摘

　　回到大哥家里，大哥先把采回的茶青摊晾在竹筛上，带我们参观他的加工车间。"明前的头一波都手采手作，后面的就机械化生产了。人工成本太高，后面的也卖不上几个钱，也是没办法的办法。"大哥的车间不小，有很多台机器运转着。除了自己家以外，大哥承包了邻居的很多茶山，也收附近居民的鲜叶。大哥抬腕看了看时间，说："茶叶应该摊晾得差不多了，走，带你们看炒茶（茶叶制作里杀青的步骤在很多茶区被叫作炒茶）去。"工人依次排开，六口锅一起炒，炒锅是电的，已经不是传统需要烧柴的锅。"现在比之前方便多了，以前炒茶时还得专门有人负责烧火"。隔壁车间里传来隆隆的声音，那边杀青机也开始工作了。师傅们在炒锅旁飞快地翻抖，茶慢慢开始变软，青气也逐步地往外挥发。"这是在干嘛？"朋友小声地问，"杀青，主要作用是把你现在能闻到的青气去除，然后让茶里的活性酶失去活性不再氧化，让茶保持现在鲜活翠绿的状态，另外，那边师傅们杀青完毕两锅并一锅后炒二青做形，这炒第三次的是为了提毫。"我小声地回答。大哥远远地向我们招手："来，喝杯茶。"

　　大哥拿出一泡茶说："这是我们明前的英山云雾，快来尝尝。"外形微卷，略带毫毛，没洞庭碧螺春的秀雅，但是略带几分英气，有点像本地的女孩，骨子里有几分倔强和辣妹子的性格。投茶、注水，大哥把两杯茶分别端到我们面前后自己也冲上一杯，自豪地说："我们这边的水都是从大别山流下来的山泉水，你们城里人喝不到的。"近闻茶香，香气近似在黄州喝到那泡，只是这一份嫩香气更足，这是大别山南麓万物初萌的讯息。茶汤里的甜润依旧，这甜润里充满了朝气蓬勃。"大哥，咱们英山是从什么时候开始种茶的？"朋友问。"这个倒是真不知道，"大哥说，"我们只知道从太爷爷那时候起就种茶了。""英山之前属于六安，现在属于黄冈，六安和黄冈这两个地区从唐代开始就是茶区了。"我补充道。大哥望着杯子里沉沉浮浮的绿茶，叹了口气说："可惜英山茶好喝，知名度太低。"

几年后在北京无意逛街，一家茶城的店门口写着"明前英山云雾到了"，我走进了店门，从此认识了杨慧，我们的杨老师。

新疆

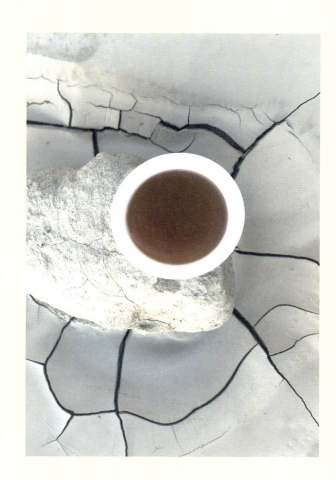

静静地坐在喀什老城区内再次喝到煮饮的茯砖茶，

回顾这一路与茯砖茶的各种相遇，它有若有似无的烟香，

似传统工艺的正山小种松烟香；

新疆茯砖

——

过了花土沟，就从青海进了新疆境内，行车在国道 315 线上，环顾四周，目之所及都是茫茫的戈壁滩，任凭怎么看都看不到尽头，单调的灰黄色掩埋着一切。同行的朋友略带抱怨地问："进新疆的路线那么多，为什么一定要走这一条？""因为这是古丝绸之路的南线"，我继续开车穿越风卷起的沙尘。风驱赶着沙子从公路上穿过，沙子一缕缕，像丝带的形状，偶尔风也会卷起沙子重重地摔在车玻璃上，这里的风向来无表情、无颜面、冷酷无情。你莫要怪这风，它实在是看过了太多的荣枯变化，看过太多的繁华如过眼云烟，看多了也就冷漠了，它宁愿教你直面世间和生命的冷酷，也不愿意再动丝毫的恻隐之心。

车行三个小时，路口处赫然的大标识，右拐就是罗布泊。那个曾经湖水丰饶、南丝绸之路的咽喉重地以及曾经灿烂的楼兰古国都已埋在了漫天黄沙里。曾有幸穿越过一次罗布泊，那漫天的黄沙、偶见的胡杨木碎片、晚上会哭号的雅丹城，以及只剩枯木矗立的遗址，都会告诉我们什么叫天地一瞬和繁华易逝。罗布泊躺在新疆，这是个活生生的例子，时刻敲打我们要尊重和敬畏大自然。

车子继续行驶，我们终于在道路两边看到了白杨树，同伴兴奋无比，仿佛沙漠中的行者看到了一片绿洲。这曾经是西域中的若羌国，现在是戈壁中的小县城。曾经丝绸之路的商贾和驼队到这里也开始补给了吧。停车吃饭，若羌的小县城里没有人声鼎沸，餐馆里可选择的餐食不多，抓饭、馕、拉条子、面片和羊肉是这里的主要食物，青菜这些稀缺食材也就近些年才逐渐有了一些。等餐的时候，老板给递上免费的茶水，走过大半天的荒芜后，能够喝上一杯茶，恍若在天堂。茶汤是煮出来的，带着特有的稠厚滑甜，同伴小声地问我："子一，新疆人也有喝茶的传统吗？"

"新疆不仅有喝茶的传统，而且这传统由来已久，《新唐书·陆羽传》中记载：'羽嗜茶，著经三篇，言茶之源、之法、之具尤备，天下益知饮茶矣……其后尚茶成风，时回纥入朝，始驱马市茶'，回纥就是当时新疆重要的少数民族。"

新疆的饮食结构从古至今都是肉、奶居多，吃多了未免会有腹中烦闷之时，茶的出现，不仅可以化解这个问题而且能有效地补充膳食中缺少的维生素，所以自唐代这里的人民端起茶碗伊始，就再也没有放下，牧区的少数民族更是有"宁可三日无肉，不可一日无茶"之说。

"那这茶是产自哪的？"朋友接着问。"新疆肯定是不产茶的，从古至今都是，现在市面上卖的昆仑雪菊茶之类大都是新疆的中草药，是非茶之茶。在植物学上，一株植物体内同时含有茶多酚、咖啡碱、茶氨酸，才能够被定义成是茶。而且茶树的生长是需要一定的温湿和土壤条件的，单就温度和湿度来说，新疆就保证不了。目前销往新疆的茶，应该是以湖南的茶青原料为主。"

"那这茶是从湖南运来的？"朋友惊奇地瞪大了眼睛问。"现在交通还是方便了，之前都是驼队千里迢迢运过来的，其中一条路就是咱们这次走的315国道。现在咱们开车走两天的路，那时候要好几个月，驼队一路穿越戈壁和沙漠，一路风餐露宿，最终茶才能运达这里。"

"这么长距离运输过来，那时候茶价岂不是很贵，相当于奢侈品？""宋、明两朝时，新疆属于独立的少数民族政权，这里不产茶，可是产良驹，茶对于西域地区是稀缺物，良驹对于中原地区来说也是稀缺物，所以那时候这里的人需要茶时有一个办法就是以马换茶，宋代还专门设立了一个行政机构叫'茶马司'，'掌榷茶之利，以佐邦用，凡市马于四夷，率以茶易之'。到明代时为了加强统治，茶马制度更加严格，茶马司的人手也增多不少"，"那元代呢？""元代时新疆属于我大中华版图，那时候茶马买卖倒是没有特别的限制和规定。清代时新疆也逐步归入大中华版图，1735年，

边疆土地上的润泽之茶

清王朝裁撤茶马司，改征茶封税，自此兴于唐、盛于宋、歇于元、严于明的茶马贸易制度就此宣告结束。"

"那后来呢？"朋友继续好奇地问。"后来西北地区逐步形成了西安及周边泾阳、咸阳为中心的边茶加工集散地，当然也有茶商会去安化各埠采买黑茶再运输过来。那时候的商帮可厉害呢，晋商、陕商还有甘肃的商人，就这么一步步沿着古丝绸之路，走出了一条茶马路。从那时起茶叶就可以在当地的市集上买到了。"

"说了半天这茶到底是什么茶呢？""应该是湖南的茯砖茶，茯砖茶也有意思着呢，茯砖属于黑茶中特殊的一种，黑茶确切有记载是在 1524 年，《明史·食货志》中有记载说：'商茶低劣，悉征黑茶。'1644 年前后，陕西泾阳采用湖南安化的黑毛茶为原料，手筑茯砖茶，称'泾阳砖'，后因伏天筑制，故称伏砖茶，因为功效类似土茯苓，所以又称'茯砖'。该茶的奇特之处是后期要经过18 天左右的'发花'，砖体内会长出神奇的'金花'，这种'金花'学名冠突散囊菌，对调理肠胃道十分有好处。这茯砖茶有特殊的菌花香，还是特别好辨识的。"

吃过饭后继续赶路，驶出若羌县的时候，路边的田地里玉米、棉花在这片不肥沃的土地上顽强生长，成片的枣树上枣子如风铃般摇曳，只是还青涩着。这是车尔臣河带来的绿洲，在内地生活的人大概一辈子也不会意识到水的宝贵，在新疆只有有水的地方才有生命，其他的地方一片荒芜。沿国道 315 继续往前走，远远望去，偶见大片的胡杨林，默默地挺立，前方是玉石重镇且末县，这个西域的古且末国，现在以出产和田玉山料闻名，这是我们当晚的住宿地。

离开且末后一路在沙漠和戈壁当中穿行，经过民丰县、于田县、策勒县、洛浦县后就是和田，这个有两条河流穿行而过的城市，因玉龙喀什河出产上好的和田白玉籽料，喀拉喀什河出产上好的和田墨玉和青玉籽料而闻名于世。而我们此次南丝绸之路新疆境内的终点就是不远处的喀什——南北丝绸之路的交汇处。它是塔克拉玛干沙漠边缘的绿洲，西望着帕米尔高原，南眺着昆仑山。这座城有 2000 多年的历史，各种文明在这里交融，西方的商队带来了伊斯兰教，基督教的分支也曾在这里兴盛，印度的佛教经这里传入中原，中原文明则给这里带来了儒和道。老城区里融合着汉唐和伊斯兰文化的建筑，处处诉说着这个城市的融合和包容。

在新疆的这条路上，几乎每餐都能喝到饭店提供的茯砖茶。静静地坐在喀什老城区内再次喝到煮饮的茯砖茶，回顾这一路与茯砖茶的各种相遇，它有若有似无的烟香，似传统工艺的正山小种松烟香；有时候它的温暖澄澈像极了三五年的生普，却也有一些温润似红茶。它那特殊的菌花香有时候恍惚是端着一碗菌子汤，当它跟奶混在一起时，又换了另一种模样。它是农户家灶上熬着的生活，也是厅堂里经书边的信仰。它是百姓的日常，也是这片土地岁月的流淌。

它在这片土地上的存在像极了脚下的喀什，日日新却很古老，

边销茶没有讲究的泡法，常见的泡法是用各种大壶进行闷煮

单纯却又融合，貌不惊人却蕴含丰富。余秋雨先生说："凡做大文化者，绝对不能忽视喀什。"我说："凡真正的茶人，绝对不会小觑茯砖。"

湖
南

对于茶来说，生态永远是最重要的，而安化人守住了这方青山绿水，一如守住了自己独有的历史文化……那些老街、老房子、老手艺。

安化探源

——

　　第一次接触安化黑茶有些戏剧性，有一天傍晚时老爹扛回一个柱子，老妈一脸嫌弃地问他是啥，他说是茶。我跟妈妈围着柱子看半天都觉得他在骗我们，这像树桩一样一人多高，不好抱动的柱子怎么会是茶。问老爹，"这茶怎么喝"，老爹说锯开喝，"锯开喝？"我跟妈妈哈哈哈笑着再也没理他。在我们的印象中，没有一种茶会长成这样而且还需要锯开喝的。研究茶后，才知道这是茶里的另类叫千两茶，后来数次怂恿老爹锯开喝喝看，他宝贝一样不舍得，于是这根"柱子"一直摆在家里。每次看到它都想去看看生产这种另类茶的地方，想去研究一下是什么样的原因和契机诞生了这样一种茶。

　　从长沙到安化是没有高速直达的，走国道穿城镇时，一直在脑海中勾勒安化的模样，会不会已经很现代化、商业化或者已经被"现代文明"吞噬？

安化黑茶茶汤

　　渐行进山，从长沙带的一身暑气逐渐消退，眼前出现一江绿水，仿佛穿越般特别不敢相信，印象中这样的绿水圣洁的只能出现在远离人烟的九寨、新疆喀纳斯和贵州的荔波，而它就这么蜿蜒曲折穿城而过。一问才知道它是安化母亲河——资水。沿资水逆流而上，偶见三五人家立在竹林中，木房子背倚着青山，站在资水河畔，不禁赞叹好一派江南。越往上走，路边黑茶的广告开始多了起来，是到安化境内了。 到江南镇时，路边的茶企忽然多了起来。安化的黑茶企业集中在这里有很深的历史渊源，到清末时统计，安茶老字号有一多半在江南镇，这里自古以来就是黑茶的集中加工和集散地，花卷茶（千两茶）、天尖茶和黑砖茶都在这里问世。路边

千两茶结构

十两茶篾篓

忽然看到白沙溪茶厂的指示牌，于是临时决定去白沙溪茶厂看看，这里是湖南第一片茯砖茶、中国第一片黑砖茶、中国第一片花砖茶的诞生地。

白沙溪茶厂背倚着资水，邻水而建。一进大门首先映入眼帘的是现代化的厂区和生产车间，厂区后院的晾晒场里整齐地晾晒着数千支千两茶。千两茶踩制完成后要经过七七四十九天的日晒夜露，"吸天地之精气，聚日月之灵光"方为成茶。从晾晒场往里走，原始的老厂区完好地保存下来并仍在使用，像这样的老厂房在其他各大茶区里已不多见。这是安化的神奇之处：新的在发展，传统的并未丢弃。老厂区边立着彭先泽先生的塑像，彭先生是湖南紧压茶的创始人。数百年来安化黑茶只是作为原料，运往陕西泾阳后再压制成砖销往西北市场。彭先生经过广泛的调查研究力主在安化当地压砖，在他的带动下砖茶试制成功并得到各方认可。

在白沙溪茶厂时收到了安化黄大哥的信息，询问我们可到了，要带我们去看永锡桥。永锡桥在江南镇的南部山中，是安化有名的风雨桥，像这样的风雨桥安化有许多，与别处不同之处是安化的风雨桥大都由当时的茶商集资建立，一方面方便百姓，也方便茶商运茶通行。这条漫长的茶马路上，从明代开始就少不了晋商的身影。晋商把安化的黑茶带到了西北也带到了俄罗斯的恰克图。而我这一行要探究的千两茶的诞生就跟晋商有关。

晋商涌入安化采办茶叶，兴于明代，盛于清代。清雍正五年，中俄签订《恰克图条约》，恰克图中方一侧建成了一个巨大的商贸城，当时商贸城里最大的买卖就是茶叶，占到中方对俄商品输出的90%以上，这为晋商提供了巨大的商机。晋商从山西到安化采办、制作茶叶，然后运销西北，远至恰克图。传统用袋、篓装茶，体积膨大、起运不方便，再加上运输量少，远不能满足市场需要。晋商从安化人捕鱼的"鱼地笼"中得到启示，用"鱼地笼"改造成装茶叶的篾篓，采制完成的黑毛茶，经筛分、去杂、蒸软后灌入内贴棕叶和棕片的篾篓内，经过几个制茶工合力的绞、滚、卷、压，最终

千两茶

制作成如树形的千两茶。当时的千两茶，因经营者籍贯不同，分为"祁州卷"和"绛州卷"，其中"祁州卷"由山西祁县、榆次的茶商经营，每只重量为老秤 1000 两；"绛州卷"由山西绛州的茶商经营，每只重量老秤为 1080 两，后来统一重量为老秤 1000 两（现 36.25 公斤）称为千两茶。因为使用的原料含有花白梗，用竹篾编织成的花格篾篓包装，成品茶表面有捆压而成的花纹，制作过程中需要不断滚压成型，所以千两茶又称作花卷茶。花卷茶工艺复杂特殊，需要多人共同完成，为统一协作还发展出了统一的号子。花卷茶的制作技艺也一直被江南刘姓人家视为绝活，还有传男不传女之说。1953 年，白沙溪茶厂请来刘姓后人传授、传承技艺并成为独家生产厂家，但是当年仅生产了 40 支花卷茶。1957 年，制作了 1 万多支花卷茶。为了提高生产效率，1958 年，在不改变花卷茶原料品质的前提下，白沙溪茶厂改制花卷茶成花砖茶，花卷茶暂时退出了历史舞台。1983 年，为不使工艺失传，白沙溪茶厂恢复花卷茶的生产，费劲周折后那年制作了 300 支花卷茶，此后又中断 14 年。1997 年，为满足市场需要，白沙溪茶又组织生产了 300 余支花卷茶，以后每年均有一定数量的生产。20 世纪末以后，随着市场对卷茶需求增加，安化一些厂家开始学习制作花卷茶的技术，花卷茶开始在安化遍地开花，并在千两的花卷茶外，又创出百两、十两等不同规格的花卷茶。

制作花卷茶的原料来自于安化的群山之中，去云台山、芙蓉山、六步溪、高马二溪看茶园生态。安化全境以山地为主，境内没有任何的工业污染，生态环境堪比武夷山的桐木生态保护区，引得我不住感叹。对于茶来说，生态是永远是最重要的，而安化人守住了这方青山绿水，一如守住了自己独有的历史文化：那些老街、老房子、老手艺。

山东

从此皖西黄大茶就变身成了老干烘，在莱芜换了个模样。

茶商们听说后都上门求教「老干烘」的制作技艺，

莱芜老干烘

——

　　中国的茶有两种模样：一种叫琴棋书画诗酒茶，一种叫柴米油盐酱醋茶；一种活在卢仝、皎然的手里，一种活在锄头灶火边；一种活在宋徽宗的《大观茶论》中，一种活在老百姓的饭后；一种活在天青色的汝窑盏中，一种活在前一秒还在吃饭、后一秒有可能会用来喝酒的粗碗中……这一切，前者叫精神后者就是生活。就是喜欢茶的这种样子，能高能低、能上能下，能荡涤出诗词画意、扒开烦恼见朗朗晴空，也能去除腹中烦闷，换来一身轻松。莱芜老干烘是后者。

　　它是明初经山西移民从洪洞带来的，从那时起它就在这片土地上存在，福泽这一方百姓。它最初是皖西黄大茶。

　　黄茶一词唐代就有出现过，但细细品读就会发现那时候的黄茶是指一种黄叶品种，而不是现在六大茶类中的黄茶。明代许次纾

《茶疏》中有记载："天下名山，必产灵草，江南地暖，故独宜茶，大江以北，则称六安。然六安乃其郡名，其实产霍山县之大蜀山也，茶生最多，名品亦擻，河南山陕人皆用之，南方谓其能消垢腻、去积滞，亦共宝爱。顾彼山中不善治法，就于食铛火薪焙炒，未及出釜，业已焦枯，讵用哉，兼以竹造巨笥，趁热便贮，虽有绿枝紫笋，辄就黄萎，仅供下食，悉堪品斗。"

这段记述与今天黄大茶的制作大体相似，说明黄大茶距今至少也有 400 多年的历史了。皖西黄大茶主产于霍山、六安、金寨、岳西等地区，地处大别山地区腹地，从唐代起这里就是重要的产茶区。

皖西黄大茶诞生之初就是立足于为普通老百姓服务的，那个时期的老百姓喝不起达官贵族家能享受的细嫩芽茶，那个时代的老百姓谁家都不富裕，上有年迈的老父老母，中有未成年的兄弟姐妹，下有嗷嗷待哺的孩子。所以黄大茶的选料没有选择单芽，没有选择一芽两叶，而是选择了老百姓最能消费得起、够得着的一芽四五叶。这是一种别样的大爱和体贴。

它叶长梗多，是个略粗糙和不修边幅的汉子。老百姓的日子里要的是经济实惠而不是长得好看。它虽粗老，但是可以很浓厚。风尘仆仆地进家门，一碗茶汤下肚，顿生精神和清凉；它虽粗枝大叶但是最不娇气，无论是沸水淋身、还是大壶闷泡，它都能绽放生命、布施滋养。

老干烘茶汤

　　它是主要服务于北方群众的产品，《霍山县志》中记载："远销山西，山东，张家口和东北一带。"它在绿茶制作工艺基础上加了闷黄和烘焙工艺使它的汤色红浓，不似绿茶般寒凉，也更适合北方的气候。茶汤中的几分焦糖香和高火香，仅是嗅闻便可以感受到弥漫的温暖。北方那漫漫的寒冷冬季，围炉夜话或者邻里家常里总也少不了它。它温厚浓酽、味道甜醇，这一份滋味最适合北方的饮食。北方的百姓们爱吃面食，如馒头、面条、花卷等，干体力活的汉子又喜欢高油、高盐，吃完饭后闷上浓浓的一杯茶，消食解腻又提神。

　　莱芜属于鲁中地区，明清时期茶叶运往鲁北地区以及周围其他的地方需要经过莱芜，这里逐渐就变成了皖西黄大茶集散地和中转地。那时候往来的经营者众多，境内"茶叶口"的地名一直沿用至今。

　　黄大茶变成"莱芜老干烘"是在清嘉庆年间的事儿。莱芜人吕清梅看很多人通过贩茶过上了殷实的生活，便跟父母商量也要去安徽贩茶，于是同父母、亲戚凑够了一车茶叶钱和来回路费，然后就跟着人算着日子去了安徽。定要赶在麦收之前回来，那个时节，茶叶是最好卖的时候。结果茶运回来后遇上了连阴雨，茶叶开始返潮，若是这样下去茶叶恐怕会潮湿长毛，借来的钱也会打了水漂。急中生智的吕家人想，茶叶在产地是烘焙干的，只要再把茶叶用木炭烘焙保持干燥不就解决问题了么，于是赶紧把茶叶用没有明火的木炭烘焙一遍。天气晴好的时候拿出去卖，因为茶叶又经过一道烘焙，茶叶散发出迷人的焦香，客人纷纷叫好，以为是新的品种，便问是什么茶，吕清梅便回答"老干烘"，从此这个名字就沿用下来，吕家也把后期的烘焙工艺逐步改进完善起来。茶商们听说后都上门求教"老干烘"的制作技艺，从此皖西黄大茶就变身成了老干烘，在莱芜换了模样。因为周边地区的卖茶人都是从莱芜进货，所以"莱芜老干烘"的名字就响彻了齐鲁大地。

时过境迁，有太多的东西在时光里来了又走，但是莱芜老干烘却一直没有从这片土地上离开过，也许正是因了它从不骄傲，一直紧贴着百姓的生活。时至今日，莱芜老干烘的制作技艺已成为省级非物质文化遗产，莱芜市也到处盖起了高楼大厦，但是在莱芜市区超市、乡镇的小卖部或者农村的集市上仍然能见到老干烘的身影，粗粗的样子像极了山东大汉的性格：直接、爽快有时候不加修饰。人们还是喜欢用纸袋子一称一装，回家壶中一泡就可以享用。走亲访友时也一定要随手称上二两，这里面充满了这片土地上浓浓的人情味。

这一杯红浓的老干烘里藏着山东人的吃苦耐劳、勤俭持家；这一杯红浓的老干烘里藏着山东人的豪气：大口吃肉、大口喝酒、大口喝茶；这杯老干烘见证着张家的小伙儿娶了媳妇，李家的小媳妇生了大胖小子，孙家的小子考上了大学，吕家的老人刚过完90大寿……这一杯红浓的老干烘里存着几代人的记忆和传承。即使

老干烘最常见的泡法是用大茶壶闷泡

目前市场上铁观音、大红袍、红茶、普洱茶已经很常见，老干烘也出来更多花色品种，但是这里的人们放不下的还是这杯传统的老干烘。

国外

将古朴、质朴、幽静的侘寂精神带入茶道之中。

将茶道的风格从形式化转为精神化，

日本茶道把禅宗禅学理论融入茶道之中，

大吉岭红茶

北京的初冬北风紧着吹，冷空气往脖子里钻，吹得人无处躲藏。缩手缩脚的正不知道要喝什么茶的时候，收到婷儿的微信：曹毅从大吉岭回来了，来喝茶。于是赶紧撂下其他事儿往顺义奔。

也许是吸引力法则或者是那句"你是什么样的人就会遇到什么样的人"，我、婷儿还有他的老公曹毅算是地地道道的三个怪人。别人觉得我是发神经了，从光鲜的投行辞职变成一个茶艺老师整天往茶山里跑；曹毅之前端着的是衣食无忧的金饭碗——专业的航天教练员，现在是职业摄影师，常年旅居尼泊尔，同时也是个文玩行家；婷儿之前是宝洁公司研发部的大咖，现在变成了市场调查方面的自由人。但是我们三个互相懂得并互相吸引、帮助着。把我们三个组合在一起的就是茶。

曹毅去大吉岭之前草草地问了几句大吉岭的状况，我跟他讲大吉岭有麝香葡萄的香气，有几个著名的庄园比如玛格丽特的希望、欧凯帝、卡斯尔顿。他就自己从尼泊尔去了大吉岭。

大吉岭位于印度东北，在西孟加拉邦最北部与尼泊尔、锡金和不丹交界，几年前我是从加尔各答过去的。大吉岭和尼泊尔同属于喜马拉雅山的南麓，世界第三大高峰的干城章嘉峰的一侧是尼泊尔的伊拉姆，另一侧就是印度的大吉岭。

大吉岭这个名称是由两个藏语词 Dorje（"霹雳"）和 ling（"地方"）合并而成，翻译为"金刚之洲"，这个地区卧在喜马拉雅山南麓于平均海拔 2134 米的大吉岭－加拉帕哈尔山脉，海拔跨度从 500 米到 2000 米，首府大吉岭，晚上山雾氤氲，最是美好。大吉岭地区的开发最早是因为英国殖民者到山中来度假，这些殖民者也真的会选地方，住在大吉岭，一觉醒来窗外就是美丽的干城章嘉峰，天气好的时候还能远眺喜马拉雅。大吉岭地区的兴盛是从 1850 年以后这里变成了茶区开始的。

要弄清楚大吉岭地区种茶的起源就要回溯那段中国茶传向世界的历史。17 世纪的上半世纪，我国的茶叶开始传播至世界各地，1607 年，荷兰人贩运茶叶至印度尼西亚的爪哇，1610 年，荷兰人直接运茶回国，1618 年，茶叶通过馈赠方式传至俄国，1638 年，饮茶习惯传至波斯和印度，1650 年以前，法国、英国人也已经开始饮茶，1650 年，茶叶由荷兰人贩运至北美。到 17 世纪的下半个世纪，因为世界人民对于中国茶叶的需求量激增，我国茶叶开始进入了大量出口的时期，在这期间，中俄、中英、中荷、中美的茶叶贸易开始，众多的贸易竞争和争端使得英国殖民者开始寻找除中国茶以外的其他解决之道。1780年开始，就不断有英国殖民者从中国带茶籽、茶苗到印度，在加尔各答、南部山区以及东北部包括阿萨姆在内的地区进行试种，从那时起大吉岭的茶园就开始慢慢发展起来，到如今，整个大吉岭地区拥有庄园近八十个，茶树绿油油地长满山坡。

来到曹毅和婷儿的工作室，一进屋温暖的空气迎面而来，曹毅搬出从大吉岭带回来的足足有十三四种茶放到我们面前，跟我分享他的大吉岭之旅。喜欢独自探索陌生世界的他难得的带了一个同伴，同伴是尼泊尔人，是曹毅常驻尼泊尔那边酒店的工作人员，曹毅说"走啊，去大吉岭"，小伙子便辞职同往。两个人租了一辆车就踏上了不走寻常路的大吉岭之路。尼泊尔和印度之间是可以互通，但是外国人不行，所以两个人从地图上研究出的近路，等摇摇晃晃地开车到关口的时候，才发现过不去，眼巴巴看着就在眼前的大吉岭两个人又不得不多花两天时间去绕行，俩人最终好不容易才到了大吉岭。"白老师，你来看，这是一个庄园的，这是另外一个庄园的，这是在克尔松买的，这是在加尔各答买的……"大吉岭各茶园生产的茶相当一大部分作为国际市场上拼配茶的原料，但是也有一些知名度高的茶园直接以独立园茶的身份售卖，比如卡斯尔顿（Castleton）茶园、欧凯蒂（Okayti）茶园、玛格丽特的希望

（Margaret'shope）茶园、瑟利朋茶园（Selimbong）等。

给茶品挨个拍照后开始试茶，取出茶荷和电子秤并烧水备器，第一款是卡斯尔顿初摘红茶。与国内红茶不同，这款红茶的干茶颜色黄绿，带有鲜花初开时娇嫩的香气同时还有嫩草铺满山坡的气息，让人如同置于山野的绿草和鲜花之中，通过这款茶能感受到的是大吉岭春天的气息。这是国外红茶与国内红茶一个很大的区别：国内的红茶大都氧化度很高，干茶红褐色或者带有金毫，香气温暖成熟，多以糖香和熟果香为主。而国外的红茶有很多却是氧化度很低，干茶颜色都是黄绿的。"那国外红茶跟国内红茶的做法一样吗？"婷儿问。"外国人对于茶的认知仅仅是一款饮料而已，所以在生产制作上基本都是机械化批量生产，比如同样是初摘，他们可以采摘十次之上，而在咱们国家春茶就没有这么多轮次，当然这也跟纬度气候有关系。像大吉岭这些地区红茶的做法也是要经过采摘、萎凋、揉捻、渥红和干燥，只是不同季节和摘次的原料，他们在氧化度这块儿处理得不一样。"

投茶注水，细品香茗。大吉岭红茶以高扬的麝香葡萄香与中国的祁门红茶、斯里兰卡的乌沃并称为世界三大高香红茶。与曹毅和婷儿讨论麝香葡萄到底是什么样的香气，我说"有一种植物的气息最像，紫色的小豆豆，小时候还经常采来吃，学名叫龙葵"，曹毅说龙葵在东北叫"天天儿"。"这种麝香葡萄的香气次摘的茶会更浓郁，咱们试试这个次摘的。"我说。次摘的卡斯尔顿红茶，集合

国外不同发酵度红茶的茶汤对比图

了甜美的果香和清新的青草气息，并具有浓郁的麝香葡萄香气。

　　大吉岭红茶的采摘分为春、夏、秋三季，各个时期所采摘的红茶味道和香气有很大的不同：在三到四月采摘的红茶被称为初摘（First Plush），这是一年之中最早的一次采摘，初摘的茶一般绿嫩芽多，汤色金黄，带有温和清新的香气；五到六月采摘的红茶被称作是次摘（Second Plush），即一年之中第二次采摘，此时的红茶叶身饱满，味道和香气里增加了圆熟醇香，上品有麝香葡萄的味道，汤色一般是明亮的深橘黄色；七到八月雨季结束后，就迎来了一年之中的最后一次采摘，这时期采摘制作红茶被称为秋茶（Autumnal），此时的茶汤汤色红浓，滋味甘甜浓厚，别有一番风韵。

喝茶到第十二款，曹毅说："白老师，你看看这是什么，这是我这次去大吉岭的新发现，他们叫 moonlight，貌似还有 moonshine，当时我看到的时候想到了咱们的月光美人，于是就买了，到加尔各答后发现还有一些品种叫 snowandmist，貌似是

大吉岭春摘红茶，与国内红茶不同，国外的春摘红茶大多发酵度很轻

大吉岭的白茶。"仔细阅读产品说明后，才知道这个 moonlight 的采摘时间比传统的初摘时间更早，原料更幼嫩，是用大吉岭当地的茶青原料制成的白茶。干茶幼嫩，嫩黄微绿，泡初的茶汤有如初春阳光、鲜嫩带着明亮的微黄，茶香清雅带着嫩香，饮一口幽兰香和青草香慢慢弥散，喝下后热带水果般的清甜弥漫于齿间，而回甘又带着青草的清香和青芒果的果韵，气质鲜明、层次丰富。这是前几年我去大吉岭没有看到的新茶品，这款 moonlight 让我想起每年春茶季在云南看到的很多来自印度、缅甸的外埠车辆，他们会来到中国的产区学习和观摩。大概最近几年白茶在中国的风靡让大吉岭人受到了启发，从而开创了新产品吧。大吉岭产区的茶之所以风靡世界并屹立不倒很大的原因也正是来源于他们的这种紧跟市场脚步的创新能力。

英国下午茶

近几天北京阴雨连绵，即便晴天也是云雾笼罩，这让我想起了英国。

抵达曼彻斯特机场时，天空就一直下着雨。此后的数天清晨，都是被阁楼天窗上不断滴落的雨点和盘旋于屋顶的海鸥叫醒。英国是一个被北海、英吉利海峡、凯尔特海、爱尔兰海和大西洋包围的典型岛国，我们赶上了它四季中最为潮湿的时节。雨从早上下到夜晚，从清晨的英式简餐下到午后四点的下午茶。我们拉开公寓里所有窗帘，也只有微微的光洒落在地板上。壁炉下面放着几块切得方正的木头，没有燃火，但给人心里带来一丝温暖。路上的人们行色匆匆，但却鲜有人打伞，男孩子们只穿了薄薄的卫衣、戴上帽子，怡然徐行。我们干脆也撇了伞，任雨洒落一身。是了，英国给我的第一印象，是它如《呼啸山庄》里希斯克利夫般阴郁的面孔。

英式下午茶

英式下午茶

正想着，房东太太从楼上走下来。这是位头发花白却精神矍铄的中国老太太，上身穿一件卡其色毛外衫，下面搭一条黑色修身毛呢裙，时尚而充满活力。看到我们，太太热情邀约我们一会儿去客厅喝茶。客厅餐桌上铺着鹅黄色桌布，最抢眼的是桌上的一大瓶雏菊。太太自己非常爱花，每天都要去花店转转，"即便不买，只闻闻花香也是好的"，太太说。桌上摆着几套英式茶杯碟，湖蓝色调，一水的碎花镶金边。下面垫着镂空朵丽蕾丝，太太说，这蕾丝杯垫是她自己钩的，赞叹之余，想这种从维多利亚时代就开始流行的小物件，竟细水长流到了现在。

说起来，太太是地道福建人，早年跟随祖辈移民英国，故乡产茶，祖辈都喝茶，自然的，她也是个不折不扣的"茶痴"，对英国下午茶，有自己的一番见解。杯子旁边放着一壶牛奶和几块方糖，我好奇地问起她英式茶中的经典问题：到底先放茶还是先放奶？太太笑笑，慢慢地讲起了英式下午茶的前世今生。

英国人开始饮茶始于 17 世纪，把饮茶带到英国的是嫁给了英王查理二世的葡萄牙公主凯瑟琳，人们后来称她为"饮茶皇后"。她"嗜茶如命"，传说凯瑟琳公主的嫁妆中有 221 磅的红茶，这个红茶就是中国的正山小种。

那个时代，从遥远的中国运来的红茶非常名贵和稀缺，逐渐成为贵族间生活品位和身份地位的象征。在凯瑟琳的带动下，贵族们争相效仿饮茶，随后，饮茶风俗开始风靡全国。

后维多利亚时代时，英国人每天只吃两顿正餐：早点和晚餐，早晚餐之间的漫长的间隙，没有仆人专门做饭，只是随便吃一些水果和点心。安娜·玛丽亚夫人，在一次宴请姐妹时第一次把饮茶与吃点心、水果配在一起，逐渐的，这种饮茶风尚就流行开来。

"那时候的下午茶，男士要穿着礼服，女士则要穿着镶着蕾丝花边的美丽裙子。仆人们会在餐桌上放一小束鲜花和精致的三层点心架，可能还会点上香薰蜡烛，放上优美的音乐呐。"太太的眼神炯炯、神情陶醉，仿佛她穿越了时间，亲身参与了那一次次优美的茶会，看名媛们精心打扮，和绅士们谈天说地，好不自在。

"那时，贵族们使用的茶杯就是现在的 finebonechina，也就是骨瓷，很耐高温，所以会先加茶，根据口味加糖和牛奶。而仆人们用的茶具是 clay 做的（clay 有黏土的意思），不耐高温，所以要先放牛奶，防止茶杯裂开。"我笑道："那我们现在的杯子都不怕开水，所以随自己心意就好了吧。"

太太也微微一笑说："随你们高兴就好了啦。"

太太为我们斟茶入杯，一股怡人的清香混着红茶特有的香甜扑面而来，"这是伯爵红茶，"太太说。"现在英国较常饮用的就是这类拼配红茶。红茶的原料可能来自中国、印度、斯里兰卡甚至肯尼亚，各大茶叶经营公司用自己的配方拼配成自己独一无二的产品。为了品饮起来更加愉悦和吸引人，这些茶里有时候会加入鲜花、香料等调味。"

英式下午茶的配套餐具

英式下午茶

转头望向窗外，雨仍然滴滴答答地下。之前曾疑惑过，为什么中国六大茶类完整成熟，而唯独红茶在西方落地生根了？看着窗外连绵的雨，一切都有了答案。欧洲全年湿冷，而作为一类相对完全氧化的茶，论暖胃暖心，没有什么比红茶更合适了。且它味道醇和百搭，能与各种添加的食料很好地兼容，比如奶、糖、酒，而这正符合了欧洲人想随性拼配的心理。这么想来，茶类也是"物竞天择"呢！

想着想着，浮生半日就在大家欢快的聊天中度过，从未有过的轻松和愉悦。这就是下午茶意义之所在吧——不论你在干什么，不论心情有多紧张，"钟敲四下，一切为下午茶停下"。此时，人们都放下手中的工作，聚在一起，为自己或别人冲一杯茶，三层糕点架由下到上，由咸入甜地依次品尝下层的手指三明治，中层松软的司康饼配奶油和果酱，再到上层的甜品蛋糕，味蕾得到层层满足，不由得心情舒朗。

除此之外，下午茶是英国人一种很重要的交流方式。家人、朋友、同事借由这种方式，被定时提醒着——不要忘了沟通，不要忘了陪伴，不要忘了相守，哪怕只是一杯茶的时间，哪怕不说话只是静静坐着，喝上一杯茶。在这里，人与人的关系通过下午茶，得到了最好的滋养与呵护。

抚摸着手中的茶杯，想起了英剧《唐顿庄园》。这部剧精彩地再现了 20 世纪初的英国贵族生活，剧中的人们每天都要喝茶，几乎是从早上到下午再到晚上。而且都要严格遵守茶礼仪，任何无礼的举动，都会引来让淑女绅士们侧目。如今英国饮茶平民化，虽不用遵守严格的宫廷礼仪，但是如果你碰到英国人在享用下午茶，他们一定衣着整齐、妆容精致。现在下午茶已经变成了英国人优雅的日常生活方式。

茶的兴盛也带动了英国制瓷业的大发展。英国著名的瓷器生产商当属英国皇家道尔顿（ROYALDOULTON）和韦奇伍德（WEDGWOOD）。

皇家道尔顿于 1815 年在英国泰晤士河畔创立，被维多利亚女皇誉为世界上最美丽瓷器的制造者，它在高温烧制过程中，加入50% 的三岁小公牛骨粉，材质细腻，其中的老镇玫瑰系列是戴安娜王妃的最爱。

Wedgwood（韦奇伍德）被称为英国瓷器之父，他在欧洲瓷器发展史上的地位仅次于德国人伯特格尔，他生产的瓷器被誉为"女王陶瓷"。1793 年，英国使团以贺乾隆 80 大寿为名出使中国，其中的贺礼中就有韦奇伍德制作的花瓶。韦奇伍德的骨瓷器皿以动物骨粉为主要原料，耐力惊人，传说四只咖啡杯就可以托起一辆十五吨重的运土车。值得一提的是，韦奇伍德是大名鼎鼎的达尔文的祖父。

再次凝视手里的茶杯，杯身彩蝶飞舞，杯内茶汤氤氲，这小小的一杯茶，已经陪伴英国几百年，这中间融入了多少淑媛的闺阁闲情，又印证了几多贵族的兴衰变迁。不论是大英帝国最强悍的日不落时代，还是辉煌过后的衰落平淡，不变的，始终是茶杯中一抹温暖的香甜。

日本茶道

真正想去了解日本茶道，源自一位在日本留学多年，归国后一直坚持修习日本剑道的师兄。那日朋友间茶聚，一时兴起给茶聚起了一个主题叫"一期一会"，席间他跟我们做分享。

2006 年，在位于北京建国门的剑道道场里，他见到了日本前首相桥本龙太郎先生。先生白发苍苍，却精神矍铄，一生痴迷于剑道的他那时已经是五段的高手。先生抵达中国后，不辞辛苦地特意前来道场指导剑道，当时全馆沸腾。仰观先生，更觉其精气神的充沛有力，气剑体一致更是已达精纯境界。剑道，对于日本警察来说是必修课，对很多学生来说，更是磨炼毅力、强身健体的不二选择。很多像龙太郎先生这样的老年人，仍孜孜不倦地每日练习，以求精进。一下午的指导，很快过去，全馆人员最后都按顺序依次向先生恭敬行礼，合影时，他笑得非常灿烂。然而，在他回国不久，就传来他突然因病去世的消息。顿时，愕然、惊讶、悲伤等太多情绪瞬间弥漫开来。

"在初次练习剑道时，便听说过'一期一会'这句话，却不甚理解，只当是一种剑道精神而已。然而，很多事情，未经历只能半知半解，只有经历过才能透彻明白。"师兄不无伤感地说，"我们与先生，是真正的一期一会。我们与每个人的遇见，一定要以这是此生唯一一次的机会来对待，没有过去、也没有未来，只有这样，在你失去后才无悔。因你与他曾诚心相交，所以无憾。"

我是不了解剑道的，却十分好奇，这本来源于日本茶道的"一期一会"是如何也成了剑道的精神？这本源自于我国唐宋时期的茶，在日本又是如何变成了茶道并流传至今的？后来便决定打破好多年"不去日本"的执念亲自去日本看看。

日本本土最早是不产茶、不饮茶的，茶文化的传入最早是在我国的唐代。唐时由于经济文化的兴盛，日本频繁派遣遣唐使、僧侣、留学生来中国学习。随这些人一起传回日本的除了中国的文化、禅宗外还有茶，其中最著名的是788年，遣唐留学僧最澄归国时带回了茶种，并种植在京都比睿山延历寺的北侧，这就是日后号称日本最古老茶园的日吉茶园。

最初茶到日本，仍属于僧众和寺院小范围内流行和传播的事物，819年嵯峨天皇出游经过崇福寺时，旅居中国多年的大僧都永忠亲自煎茶、献茶，嵯峨天皇十分中意，回宫后便令全国广植茶树，更要求每年进献茶于宫内。从此，在朝廷的支持下，人们在都

日本抹茶

城设立公营茶园，甚至有了造茶所的出现，自此茶树开始被大范围推广种植，茶开始变成贵族阶级享用的产品。那时的饮茶法仍是陆羽在《茶经》里描述的煎茶法："支釜煮水，炙茶研磨，水一沸添时添盐调水，水二沸时出水一瓢暂存熟盂中，以竹策环击，入茶末于水中心，水三沸时把熟盂中水添回……"

而现在日本抹茶道，源自于我国的宋代。中国的宋代时期，日本的荣西禅师来华学习佛法与禅学，在归国时不仅带回茶籽播种，也传回了中国寺院的饮茶方法和饮茶的仪式。根据在中国关于饮茶茶礼与茶的药用价值的学习，他晚年著成《吃茶养生记》一书。这是日本历史上第一本茶书，书中讲述了喝茶的种种益处，对推广饮茶起了重大的作用。

那时日本的饮茶方法就是我国宋代的点茶法：炙茶碾茶，候汤烘盏，注水击拂……当时宋代斗茶之风也传到了日本，只是斗茶在日本不是单纯的比汤花、咬盏时间，而是演变成贵族间赏器品茶的风雅活动。

到足利义政的东山文化时期，茶从贵族阶级的文化演变成更具日式风格的书院茶，那个时期，日本茶道雏形开始显现：茶室不再富丽堂皇而开始有朴素之美，点茶的程序基本确定下来，安静不语的茶礼开始形成，书院式建筑中外来的唐宋艺术品和日式房屋融为一起，改站立式禅院茶礼变为纯日本式的跪坐茶礼，茶道在此时也逐渐从贵族人把玩的一种文化变得具有禅味。

从日本茶道的开山始祖村田珠光开始，茶道开始逐渐与平民生活融合，他创建了与一般乡间农家风格一样的草庵茶室，把禅宗禅学理论融入茶道之中，将茶道的风格从形式化转为精神化，将古朴、质朴、幽静的侘寂精神带入茶道之中。

日本茶圣千利休，是日本茶道的集大成者，他传承了侘寂的精神，以独特的美感和茶道精神定制了许多茶道的规则，比如提炼出"和、敬、清、寂"的茶道精神，提出茶会、茶人需遵循的"利休七则"。那是日本古代茶事的鼎盛时期，茶道普及兴盛，北野大会时创出数以千计的茶人一起奉茶的壮举。他让日本茶道有了崇尚自然、重视礼节，善于应用、精益求精的日本精神。并对后世的绘画、庭院、建筑、陶艺、诗歌等领域有深远的影响。

"一期一会"这个词源于日本茶道。这个词汇最早出现在江户德川幕府时代的井伊直弼所著的《茶汤一会集》中。书中这样写道："追其本源，茶事之会，为一期一会，即使同主同客可反复多次举行茶事，也不能再现此时此刻之事。"他用一期一会告诉每一次茶会中的主客都要诚心诚意地投入与参与。后来跟随日本茶圣千利休先生二十多年的山上宗二在《山上宗二记》中把"一期一会"提炼出来作为茶道守则之一。

寻着日本茶道走在京都街头，意外的发现许多日本商店中都有"一期一会"的挂轴，抹茶的名字也有叫"一期一会"的，和果子上也会有"一期一会"，甚至我们住的日式旅馆中都挂着"一期一

蹲踞（洗手钵），以前日本茶道中进茶室净手用

日本抹茶道

会"。若是你仔细观察，不管是纯米吟酿还是烧芋酎，都可以看得到"一期一会"为名的烧酒。身在日本会被日本人的贴心、细致所感动，会折服于日本小物件中的匠人精神，会顿时明白了冈仓天心说的茶道精神已经深入日本人生活的方方面面。

临回国前，朋友盛邀去参观自己家的私人茶室。主人住的是传统独栋，从外看颇有 MUJI 极简风格，进去之后，才发现处处清雅别致，行道路两旁布置了枯山水，穿过小路，抵达后面的院子。其中竹林掩映，翠意盎然，而茶室就藏在曲径通幽处。

茶室不大，是传统日式的是四叠半榻榻米形式，入口的木壁上挂着竖轴的"一期一会"。竖轴下插这一枝叫不上名的小野花，淡淡的雅致，香盒里的香幽幽地燃着。茶室里干净整洁，榻榻米的中间从屋顶钓下来的钓釜，告诉来人这是三月。

学着朋友的样子，略显笨拙地跪坐，女主人推门行礼后端上和果子。女主人是个典型的日本女人，干净的发髻利落地挽在脑后，米色的和服配上精致的妆容，再加上彬彬有礼地点头微笑，把日本女人的贤惠姿态表现得淋漓尽致。女主人递上樱饼，向主人行礼后，仔细端详，这是日本樱花季特有的和果子，粉嫩的外形和颜色像一件艺术品一样精致极了。在日本茶道里不同季节和果子的搭配也会不同，夏天时会品尝到羊水羹等生果子，冬天浓茶会配干果子。

品尝完和果子，女主人用漆制的茶盘端着茶具小步地走到风炉前，行礼后看她有条不紊地折茶巾，清洁枣、茶杓、茶筅和茶碗，动作娴熟有节奏。朋友说他的夫人从十年前就利用业余时间去日本的茶道教室学茶，在日本这是女人修身养性的一种方式。朋友看着他夫人，脸上带着淡淡的骄傲。清洁完器具以后，女主人为我们打抹茶，她轻轻地拿起枣，略略地倾斜，右手用茶杓取出一勺的茶量，像舞蹈一样在碗边轻敲一下茶杓，转眼器具又归回原位。然后看她注水，茶筅在纤纤玉手中迅速移动，等到茶汤表面漫上齐整的白沫时，她住了手。从头到尾她的脸上挂着自信、恬淡和愉悦的微笑，观之赏心悦目。

端起茶碗，翠绿的茶汤在茶碗中呈现，仿佛捧着一掬液状的翡翠。茶香迎面扑来，饮一口，身体立马清爽了起来，这大概就是传说中的琼浆玉露吧。

跟朋友的夫人探讨日本的茶道以及日本茶道的学习，她说"初学时感觉会很枯燥，老师会一遍遍地让我们重复一个动作，比如叠茶巾就需要练半年，其实不断的重复就是对自己的磨炼，在这过程中会发现自己、找到自己、弥补自己、成为更好的自己"。日本茶道流传至今，流派众多，因了茶品的单一性，所以各门派会在程式上有所不同，但是那"和、敬、清、寂"和"一期一会"的茶道精神均为大家尊崇。日本人在这看起来的不变中感悟变，在拿起放下间感受万物，然后更好地去生活。所以《茶之书》中才说"我们（日本人）的风俗习惯，衣食住行，瓷器、漆器、绘画，乃至我们的文学，全都蒙受了茶道的影响"，这也就不难理解几乎与茶同期从中国传入日本的剑道，为何也把"一期一会"奉为精神了。

跋

　　闲日偶读董其昌画论，其谈曰："读倪云林画，如嚼橄榄，舌有回甘。"回甘可能是很好的余味，余味隽永，则是最美妙的味之体验了。味有人生味，有天地味，有可知味，有未知味。古人常用味来表达对事物的探知，如王右军得书之真味，李杜得诗之本味，东坡又得词之大味。东坡先生不仅知诗味，更知茶味，他夜晚办事要喝茶："簿书鞭扑昼填委，煮茗烧栗宜窗征。"创作诗文要喝茶："皓色生瓯面，堪称雪见羞；东坡调诗腹，今夜睡应休。"睡前睡后也要喝茶："春浓睡足午窗明，想见新茶如泼乳。"更有《水调歌头》词记咏了采茶、制茶、点茶、品茶的经过。

　　古今爱茶之人甚众，皆因为得到了茶之本色之美，美是邂逅所得，是亲近所得，味是得到真美之后精神上的情思和遐想，是在亲身求索后的本真体悟，是在洁净内心里的唱咏。此番作为必绝浮躁之心，求真谛之志，涉万重山水，而其本体又需聪颖独慧，境界如皓月明空。子一于此深有独悟，她承家源，弃高学业，乘幽控寂。她既品茶之乐趣，又咀嚼茶之无奈。她一直在茶香中跋涉，有休憩，但没有停顿；有低谷，但又一往无前。她用自己的勤思妙悟去索求茶之真源。她是一个勤奋的求索者，同时，她的勤奋和感知又激励了更多爱茶之人，这种求索是如此的美好、醇香、幸福。

晚清名人梁章钜，谈及岩茶时，概括为"香、清、甘、活"四字。而活之一字，须从舌本辨之，微乎，微乎，然亦必瀹以山中之水，方能悟次消息。我理解，如此苦心无非求真茶，求真味。唐时太宗皇帝为玄奘取经，特作《圣经序》，并谓"胜朝盛事"。玄奘也得真经并功德无量。子一茶书出版，特记简短文字以作后记，惶恐惶恐，荣幸而又感慨！

海华

丁酉年仲秋姑苏玉兰堂